Berechnung
von Rahmenkonstruktionen und statisch unbestimmten Systemen des Eisen- und Eisenbetonbaues

von

P. Ernst Glaser
Ingenieur

Mit 112 Textabbildungen

Berlin
Verlag von Julius Springer
1919

Alle Rechte, insbesondere das der Übersetzung in fremde Sprachen,
vorbehalten.
Copyright 1919 by Julius Springer in Berlin.

Softcover reprint of the hardcover 1st edition 1919

ISBN-13: 978-3-642-89750-4   e-ISBN-13: 978-3-642-91607-6
DOI: 10.1007/978-3-642-91607-6

Vorwort.

In der Entwicklung der Bautechnik der letzten Jahre zeigt sich offenbar das Bestreben ihrer Vertreter, bei dem Entwurfe und der Ausführung von Neubauten, sei es nun ein reiner Eisenbau oder ein Eisenbetonbau, die neuesten Methoden der Baustatik und ihre feinsten Hilfsmittel zur Anwendung zu bringen. Im Gegensatz zu den früher üblichen Rechnungsverfahren, bei denen oftmals Voraussetzungen getroffen wurden, die mit der wirklichen Ausführung nichts gemein hatten, wird heute allgemein bei der Berechnung eines neuen Bauwerkes mit aller Sorgfalt und Feinheit vorgegangen, damit möglichst genaue, der wirklichen Ausführung entsprechende Resultate erhalten werden, um wirtschaftlich konstruieren zu können. Dieses bedingt aber nun häufig sehr umfangreiche und zeitraubende Berechnungen, weil die vorkommenden Systeme der Konstruktionen oftmals statisch unbestimmte sind, und es ist daher dem Konstrukteur vom Vorteil, für oft vorkommende Grundformen gebrauchsfertige Formeln für die verschiedenen Belastungsfälle zur Hand zu haben.

In der vorliegenden Arbeit sind nun von dem Verfasser nach den Erfahrungen des Konstruktionsbüros eine Reihe von Beispielen über Rahmenkonstruktionen und andere statisch unbestimmte Systeme durchgerechnet worden und ermöglicht das hier gebotene Verfahren dem in der Praxis tätigen Ingenieur, ohne großen Zeitaufwand die Bemessung von Konstruktionen der hier behandelten Art durchzuführen.

Es wurde davon Abstand genommen, den dreiseitigen eingespannten Rahmen und den vierseitigen Rahmen in die vorliegende Arbeit aufzunehmen, da diese Systeme in der Literatur bereits mehrfach ausführlich behandelt worden sind.

Ilmenau, im April 1919.

P. E. Glaser.

Inhaltsverzeichnis.

	Seite
I. Der Dreigelenkrahmen mit Zugband	1
1. Erklärungen	1
A. Der Einfluß lotrechter Lasten	2
2. Die Verschiebung δ_o	2
3. Die Verschiebung δ_{aa}	3
4. Vollbelastung einer gleichmäßig verteilten Last Q	4
5. Belastung einer gleichmäßig verteilten Last Q auf die Strecke $\frac{l}{2}$	6
B. Der Einfluß wagerechter Lasten	8
6. Wagerechte Belastung durch gleichmäßig verteilte Last W auf die Strecke f	8
7. Wagerechte Belastung durch gleichmäßig verteilte Last W auf die Strecke b	11
8. Wagerecht wirkende Einzellast W	13
9. Die Einflußlinie für H	15
10. Die Einflußlinie für das Moment M_c im Ständer	19
11. Die Einflußlinie für das Moment M_x im Riegel	21
II. Der Dreigelenkrahmen mit Pendelstütze	22
1. Erklärungen	22
2. Die Verschiebung δ_{rr}	22
A. Der Einfluß lotrechter Lasten	24
3. Die Einflußlinie X_r für die Riegel	24
4. Vollbelastung durch eine gleichmäßig verteilte Last Q	28
5. Belastung durch eine gleichmäßig verteilte Last Q auf die Strecke a	29
6. Die A-Linie	30
7. Die Einflußlinie für den Horizontalschub H	31
8. Die Einflußlinie für das Moment M_k im Ständer	32
9. Die Einflußlinie für das Moment M_x im Riegel	32
B. Der Einfluß wagerechter Lasten	34
10. Belastung durch wagerecht wirkende Einzellast W am Ständer	34
11. Belastung durch wagerecht wirkende Einzellast W am Riegel	38
12. Wagerechte Belastung durch gleichmäßig verteilte Last W auf die Strecke h_2	40
13. Wagerechte Belastung durch gleichmäßig verteilte Last W auf die Strecke h_1	43

Inhaltsverzeichnis.

Seite

III. Der Dreigelenkrahmen mit wagerechter Balkenachse und Pendelstütze 46
  1. Erklärungen 46
  A. Der Einfluß lotrechter Lasten 46
    2. Die Einflußlinie für X_a 46
    3. Belastung durch eine gleichmäßig verteilte Last Q auf die Strecke l_1 52
    4. Belastung durch eine gleichmäßig verteilte Last Q auf die Strecke l_2 52
    5. Vollbelastung durch eine gleichmäßig verteilte Last Q ... 53
    6. Die A-Linie 53
    7. Die Einflußlinie für den Horizontalschub H 54
    8. Die Einflußlinie für das Moment M_c im Ständer 54
    9. Die Einflußlinie für das Moment M_m im Riegel 55
  B. Der Einfluß wagerechter Lasten 56
    10. Wagerecht wirkende Einzellast W am Ständer 56
    11. Wagerechte Belastung durch gleichmäßig verteilte Last W am Ständer auf die Strecke h 60

IV. Der Zweigelenkrahmen mit Pendelstütze 62
  1. Erklärungen 62
  A. Die Verschiebungen δ_{aa}; δ_{bb} und δ_{ab} 64
    2. Die Verschiebung δ_{aa} 64
    3. Die Verschiebung δ_{bb} 65
    4. Die Verschiebung δ_{ab} 65
  B. Der Einfluß lotrechter Lasten 66
    5. Die δ_{ma}-Linie 66
    6. Die δ_{mb}-Linie 67
    7. Die Einflußlinien für X_a und X_b 68
    8. Die Einflußlinien für die Biegungsmomente 70
    9. Vollbelastung durch eine gleichmäßig verteilte Last Q . 71
  C. Der Einfluß wagerechter Lasten 73
    10. Wagerecht wirkende Einzellast W am Ständer 73
    11. Wagerechte Belastung durch eine gleichmäßig verteilte Last W am Ständer 76

V. Der dreiseitige Zweigelenkrahmen mit schiefer Balkenachse. 78
  1. Erklärungen 78
  2. Die Verschiebung δ_{aa} 79
  A. Der Einfluß lotrechter Lasten 80
    3. Die δ_{ma}-Linie 80
    4. Belastung durch Einzellast P 82
    5. Belastung durch eine gleichmäßig verteilte Last Q ... 83
  B. Der Einfluß wagerechter Lasten 84
    6. Belastung durch eine gleichmäßig verteilte Last W auf den Pfosten h_1 84
    7. Belastung durch eine gleichmäßig verteilte Last auf den Pfosten h_2 86
    8. Einzellast W an dem Pfosten h_2 88

Inhaltsverzeichnis.

	Seite
VI. Der Dreieckrahmen	90
1. Erklärungen	90
2. Die Verschiebung δ_{rr}	91
A. Der Einfluß lotrechter Lasten	91
3. Die δ_{mr}- und die H-Linie	91
4. Belastung durch eine gleichmäßig verteilte Last Q	92
5. Belastung durch lotrechte Einzellast P	93
6. Die Einflußlinie für das Moment M_x	94
7. Die Einflußlinie für die Normalkraft N	95
B. Der Einfluß wagerechter Lasten	96
8. Belastung durch wagerechte Einzellast W	96
9. Belastung durch gleichmäßig verteilte Last W	99
VII. Der versteifte Dreieckrahmen	100
1. Erklärungen	100
A. Die Verschiebungen δ_{aa}; δ_{bb}; δ_{ab}	101
2. Die Verschiebung δ_{aa}	101
3. Die Verschiebung δ_{bb}	101
4. Die Verschiebung δ_{ab}	102
B. Der Einfluß lotrechter Lasten	102
5. Die δ_{ma}-Linie	102
6. Die δ_{mb}-Linie	102
7. Vollbelastung durch gleichmäßig verteilte Last Q	104
C. Der Einfluß wagerechter Lasten	107
8. Belastung durch wagerechte gleichmäßig verteilte Last Q	107
VIII. Der Dreieckrahmen mit Pendelstütze	109
1. Erklärungen	109
2. Die Verschiebung δ_{aa}	110
A. Der Einfluß lotrechter Lasten	111
3. Die Verschiebung δ_{ma}	111
4. Die Einflußlinie für X_a	113
5. Die Einflußlinie für den Horizontalschub H	114
B. Der Einfluß wagerechter Lasten	114
6. Wagerechte Belastung durch gleichmäßig verteilte Last W	114
IV. Zwei durch Gelenkstab verbundene eingespannte Ständer	117
1. Erklärungen	117
2. Die Verschiebung δ_{aa}	117
3. Die Verschiebung δ_{ma}	117
4. Die H-Linie	118

Inhaltsverzeichnis.

	Seite
X. Der durch Zugband verspannte einfache Balken	120
1. Erklärungen	120
2. Die Verschiebung δ_{aa}	121
3. Die Verschiebung δ_{ma}	122
4. Die Einflußlinie für H	123
XI. Der Eingelenkbalken auf 4 Stützen	125
1. Erklärungen	125
2. Die Verschiebung δ_{aa}	126
3. Die δ_{ma}-Linie	127
4. Die Einflußlinie für X_a	128
5. Belastung durch gleichmäßig verteilte Last	129
6. Die Einflußlinie für das Moment M_m in der Öffnung l	129
7. Die Einflußlinie für die Auflagereaktion A	130
XII. Der Einfluß der Wärmeänderung	131
Erklärungen	131

I. Der Dreigelenkrahmen mit Zugband.

1. Erklärungen.

Die Grundform des in der Abb. 1 gezeichneten Systems ist der Dreigelenkrahmen und wird dieser durch das die Punkte a—a verbindende Zugband ein einfach statisch unbestimmtes Tragorgan.

Zur Berechnung der statisch unbestimmten Spannkraft H im Zugband dienen folgende Betrachtungen:

Durch die Belastung beliebiger äußerer Kräfte würde der Punkt a des statisch bestimmten Dreigelenkrahmens in horizontaler

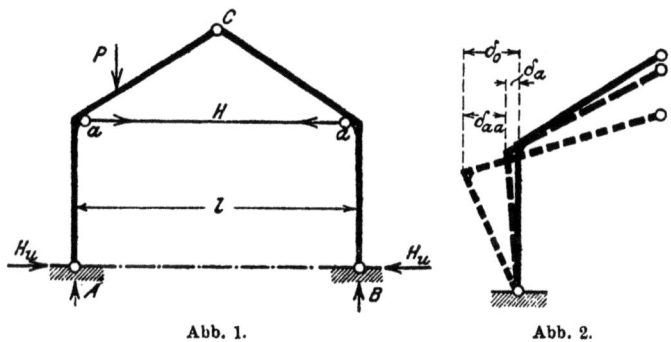

Abb. 1. Abb. 2.

Richtung eine Verschiebung von der Größe δ_o zurücklegen. Diese Bewegung wird im statisch unbestimmten System durch das Zugband verhindert, und zwar so, daß die wirkliche Verschiebung des Punktes a nur die Größe von δ_a erreichen kann. Somit ergibt sich, bezeichnet man die Spannkraft im Zugband mit H,

$$\delta_o - \delta_a = H \cdot \delta_{aa},$$

worin δ_{aa} die Verschiebung des Punktes a in Richtung der Kraft H bedeutet, wenn H die Größe „Eins" annimmt.

Die Verschiebungen δ_o, δ_a und δ_{aa} berechnen sich nun nach bekannten Gesetzen der Elastizitätstheorie aus den Beziehungen

$$\delta_o = \int M_o\, M_a\, \frac{ds}{EJ} + \int N_o\, N_a\, \frac{ds}{EF},$$

$$\delta_{aa} = \int M_a^2\, \frac{ds}{EJ} + \int N_a^2\, \frac{ds}{EF}\quad\text{und}$$

$$\delta_a = \frac{Hl}{EF_a},$$

worin M_o das Moment der äußeren Kräfte im statisch bestimmten Grundsystem, dem Dreigelenkrahmen, ist und M_a das Moment aus der Kraft H gleich „Eins" bedeutet; hierbei ist die Kraft $H = 1$ im Sinne der Verschiebung wirkend gedacht.

Im weiteren Verlaufe der Untersuchung soll der Einfluß der Normalkräfte, da dieser unwesentlich ist, vernachlässigt werden, und es ergibt sich somit aus den vorher angeschriebenen Bedingungen die Bestimmungsgleichung

$$H = \frac{\int M_o \cdot M_a \dfrac{ds}{EJ}}{\dfrac{l}{EF_a} + \int M_a^2\, \dfrac{ds}{EJ}} \quad \ldots \ldots \quad 1)$$

A. Der Einfluß lotrechter Lasten.

2. Die Verschiebung δ_o.

Es bezeichnet J_1 und J_2 die Trägheitsmomente des Ständers und Riegels und ist nach Abb. 3 das Moment für den Belastungszustand $H = 1$

$$M_a = -\frac{a}{f} \cdot y$$

und

$$M_a' = -\frac{b}{f} \cdot y',$$

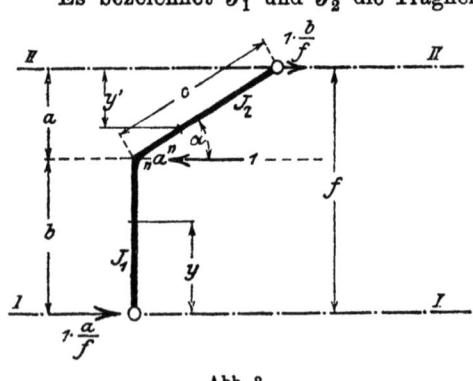

Abb. 3.

wobei noch die Voraussetzung gelten möge, daß Momente, welche in den äußeren Fasern des Ständers und Riegels Zugspannungen hervorrufen, das negative Vorzeichen erhalten sollen.

Es ist nun für den Ständer mit

$$M_a = -\frac{a}{f} \cdot y$$

$$\int_0^b M_o \, M_a \frac{dy}{EJ_1} = -\frac{a}{f} \cdot \int_0^b M_o \cdot y \frac{dy}{EJ_1}.$$

In dem letzten Ausdruck bedeutet $\int M_o \, y \cdot \frac{dy}{EJ_1}$ das statische Moment der durch EJ_1 dividierten Momentenfläche M_o im Bereiche des Ständers, bezogen auf die Achse $I \div I$.

Bezeichnet man nun dieses statische Moment mit S_I und setzt ein konstantes Trägheitsmoment J_1 voraus, dann ist der Einfluß der Ständer

$$\int M_o \, M_a \frac{dy}{EJ_1} = -\frac{a}{f} \cdot \frac{S_I}{EJ_1}.$$

Für den Riegel wird, mit

$$M'_a = -\frac{b}{f} \cdot y'$$

$$\int M_o \, M'_a \frac{dc}{EJ_2} = -\frac{b}{f} \cdot \int_0^c M_o \, y' \frac{dc}{EJ_2} = -\frac{b}{f} \cdot \frac{S_{II}}{EJ_2}.$$

Hierbei bedeutet S_{II} das statische Moment der Momentenfläche des Riegels, bezogen auf die Achse $II \div II$.

3. Die Verschiebung δ_{aa}.

Für den Ständer b wird mit

$$M_a = -\frac{a}{f} \cdot y$$

$$M_a^2 = \frac{a^2}{f^2} \cdot y^2 \qquad \text{und somit}$$

$$\int_0^b M_a^2 \frac{dy}{EJ_1} = \frac{a^2}{f^2} \frac{b^3}{3 EJ_1}.$$

Für den Riegel c wird mit

$$M'_a = -\frac{b}{f} \cdot y'$$

$$M'^2_a = \frac{b^2}{f^2} \cdot y'^2 \qquad \text{und weiter}$$

$$\int_0^a M'^2_a \frac{dy'}{EJ_2 \sin\alpha} = \frac{b^2}{f^2}\frac{a^2 c}{3EJ_2}.$$

Mit diesen Werten erhält man für δ_{aa}

$$\delta_{aa} = \frac{2\cdot a^2 b^2}{3 f^2 E}\left(\frac{b}{J_1} + \frac{c}{J_2}\right).$$

Mit Einsetzung der unter 2. und 3. gefundenen Ausdrücke für δ_0 und δ_{aa} in die Gleichung 1) erhält man mit

$$H = \frac{-a\cdot\Sigma\frac{S_I}{J_1} - b\cdot\Sigma\frac{S_{II}}{J_2}}{\frac{lf}{F_a} + \frac{2\cdot a^2 b^2}{3 f}\left[\frac{b}{J_1} + \frac{c}{J_2}\right]} \quad \ldots \ldots \quad 2)$$

die Bestimmungsgleichung zur Berechnung der Spannkraft H. Im folgenden soll nun der Endwert von H für einige der gewöhnlichen Belastungsfälle berechnet werden.

4. Vollbelastung einer gleichmäßig verteilten Last Q.

Für diesen Belastungszustand ist im Grundsystem, dem Dreigelenkrahmen

$$A = B = \frac{Q}{2} \quad \text{und} \quad H_0 = \frac{Ql}{8f}.$$

Mit diesen Werten ergeben sich die in den Abbildungen $4 \div 4^c$ gezeichneten Momentenflächen des Grundsystems. Die statischen Momente dieser Momentenflächen, bezogen auf die Achsen $I \div I$ und $II \div II$, berechnen sich nun mit

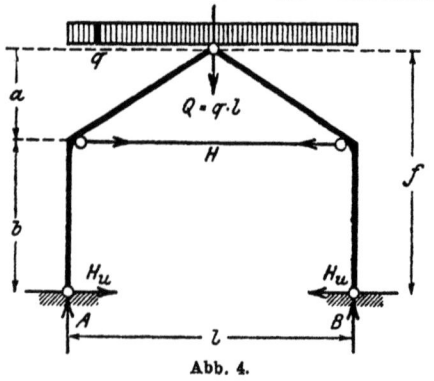

Abb. 4.

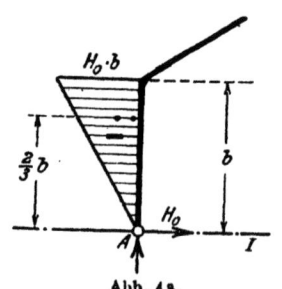

Abb. 4a.

4. Vollbelastung einer gleichmäßig verteilten Last Q.

$$\Sigma S_I = -2 \cdot H_0 \frac{b^2}{2} \cdot \frac{2}{3} b = -\frac{2}{3} H_0 \cdot b^3$$

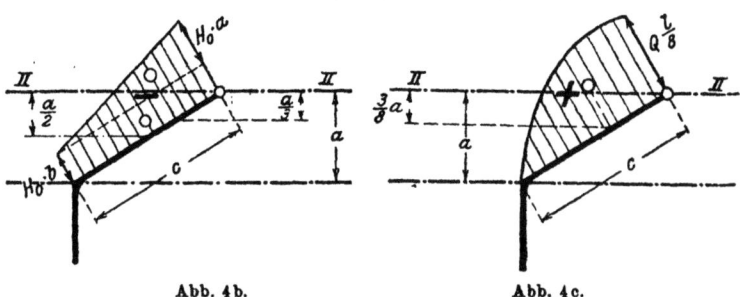

Abb. 4b.   Abb. 4c.

$$\Sigma S_{II} = -2\left[H_0 \cdot b \cdot c \cdot \frac{a}{2} + H_0 \cdot a \cdot \frac{c}{2} \cdot \frac{a}{3} - \frac{2}{3} \frac{Ql}{8} \cdot c \cdot \frac{3}{8} \cdot a\right]$$

$$\Sigma S_{II} = -H_0 \cdot \frac{a \cdot c}{6}(3b - a)$$

Diese Werte in die Gleichung 2) eingesetzt ergibt

$$H = \frac{\dfrac{2}{3} H_0 \dfrac{ab^3}{J_1} + \dfrac{1}{6} H_0 \cdot a \cdot b \cdot c \dfrac{3b-a}{J_2}}{\dfrac{f \cdot l}{F_a} + \dfrac{2 \cdot a^2 \cdot b^2}{3f}\left(\dfrac{b}{J_1} + \dfrac{c}{J_2}\right)}$$

oder

$$H = H_0 \frac{\dfrac{2b}{J_1} + \dfrac{c}{2J_2}\left(3 - \dfrac{a}{b}\right)}{\dfrac{3 \cdot f \cdot l}{a \cdot b^2 F_a} + \dfrac{2a}{f}\left(\dfrac{b}{J_1} + \dfrac{c}{J_2}\right)} \quad \ldots \ldots 3)$$

Bei Anwendung der Formel 3) müssen nun, soweit es sich um Neukonstruktionen handelt, die Trägheitsmomente J_1 und J_2 sowie der Zugstangenquerschnitt F_a schätzungsweise auf Grund praktischer Erfahrung bestimmt werden; man kann aber die Formel 3) für den praktischen Gebrauch vereinfachen, indem man die Trägheitsmomente J_1 und J_2 gleich J setzt und den Einfluß der Verschiebung δ_a vernachlässigt.

Dann erhält man

$$H = \frac{Q \cdot l}{8} \cdot \frac{b + \dfrac{c}{4}\left(3 - \dfrac{a}{b}\right)}{a \cdot (b + c)}$$

Weiter ist nach den Abbildungen 4 und 4ª

$$H_u = H_o - H \cdot \frac{a}{f}.$$

Der Querschnitt, für welchen bei dem vorliegenden Belastungsfall das Biegungsmoment im Riegel seinen größten Wert erreicht, findet sich aus bekannten Beziehungen wie folgt:

Das Moment im Riegel ist

$$M_x = \frac{Q}{2} \cdot x - \frac{q x^2}{2} - H_u(b + x \cdot \operatorname{tg} \alpha) - H \cdot x \cdot \operatorname{tg} \alpha$$

und aus

$$\frac{d M_x}{dx} = 0 \text{ ergibt sich}$$

$$x_0 = \frac{l}{2} - \frac{2 \cdot a}{Q}(H_u + H) \ . \ 4)$$

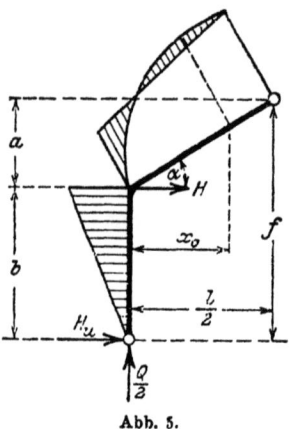

Abb. 5.

Für zusammengesetzte Belastungsfälle ist es zur Bestimmung des größten Biegungsmomentes besser, das zeichnerische Verfahren in Anwendung zu bringen. Zur Querschnittsberechnung bestimmt man am zweckmäßigsten die Kernpunktsmomente M^o und M^u und ist dann das Verfahren wie bei allen Rahmen- und Bogenkonstruktionen.

5. Belastung einer gleichmäßig verteilten Last Q auf die Strecke $\frac{l}{2}$.

Dieser Belastungsfall ist in der Abb. 6 gezeichnet. Die Auflagerreaktionen im Dreigelenkrahmen sind

$$A = \frac{3}{4}Q; \ B = \frac{Q}{4}$$

und

$$H_o = \frac{Ql}{8f}.$$

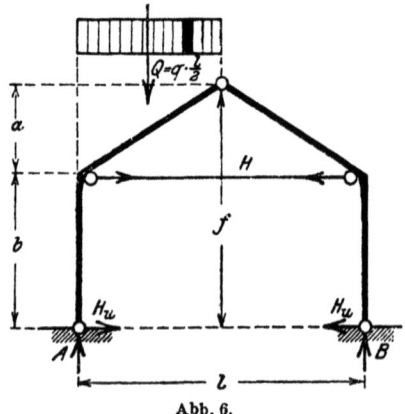

Abb. 6.

5. Belastung einer gleichmäßig verteilten Last Q auf die Strecke $\frac{l}{2}$.

Dann ist

$$\Sigma S_I = -\frac{2}{3} H_o \cdot b^3.$$

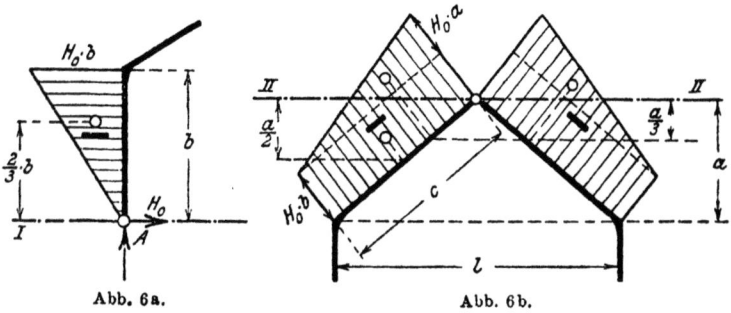

Abb. 6a. Abb. 6b.

Der Wert für S_{II} berechnet sich zu

$$\Sigma S_{II} = -2\left[H_o b \cdot c \cdot \frac{a}{2} + H_o \cdot a \cdot \frac{c}{2} \cdot \frac{a}{3}\right] + \frac{5}{48} Q \cdot l \cdot c \cdot \frac{2}{5} a$$
$$+ \frac{Q l}{8} \cdot \frac{c}{2} \cdot \frac{a}{3}$$

$$\Sigma S_{II} = -H_o \cdot \frac{a \cdot c}{6} (3b - a).$$

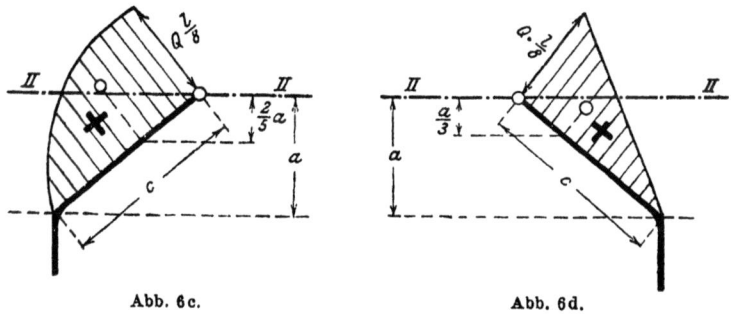

Abb. 6c. Abb. 6d.

Diese Werte für S_I und S_{II} haben die gleiche Form wie die unter 4. berechneten und lautet somit auch die Gleichung für H wie im vorigen berechnet; hierbei ist aber zu beachten, daß jetzt H_o nur halb so groß ist wie bei dem vorigen Belastungsfall. Es ist also mit Rücksicht auf die Abb. 6

$$H = H_o \frac{\dfrac{2b}{J_1} + \dfrac{c}{2J_2}\left(3 - \dfrac{a}{b}\right)}{\dfrac{3fl}{a \cdot b^2 \cdot F_a} + \dfrac{2a}{f}\left(\dfrac{b}{J_1} + \dfrac{c}{J_2}\right)} \quad \ldots \quad 5)$$

Das unter 4. bezüglich Anwendung der Formel 3) Gesagte gilt sinngemäß auch für diesen Ausdruck, und kann man somit die Formel 5) in derselben Weise vereinfachen.

B. Der Einfluß wagerechter Lasten.

6. Wagerechte Belastung durch gleichmäßig verteilte Last W auf der Strecke f.

In den Abbildungen 7 bis 7^f ist dieser Belastungszustand und die Momentenverteilung im Dreigelenkrahmen dargestellt. Bei der Aufzeichnung der Momentenflächen ist der Einfluß einer jeden Kraft getrennt untersucht; die Wirkung der lotrechten Auflagerkräfte A und B ist in den Abbildungen nicht mit berücksichtigt worden, weil der Einfluß dieser Momentenflächen, da diese unter sich gleich groß sind, aber verschiedene Vorzeichen besitzen, auf den Wert von S_{II} gleich Null ist.

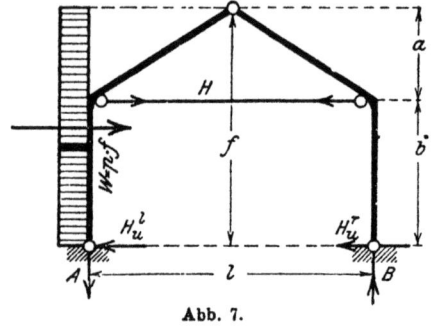

Abb. 7.

Nach Abb. 7 ist nun

$$A = B = \pm \frac{W \cdot f}{2l}$$

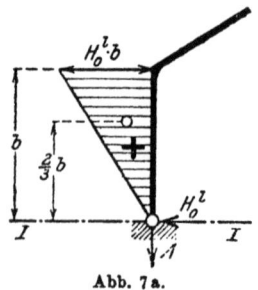

Abb. 7a.

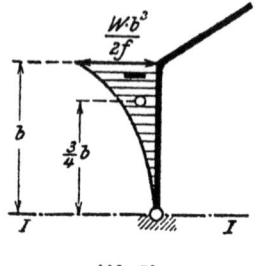

Abb. 7b.

6. Wagerechte Belastung durch gleichmäßig verteilte Last W usw.

und
$$H_o{}^l = \frac{3}{4} W$$
$$H_o{}^r = \frac{W}{4}.$$

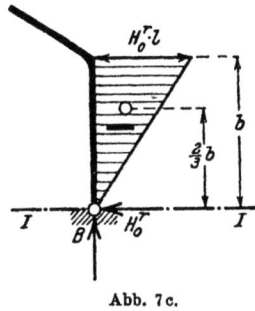
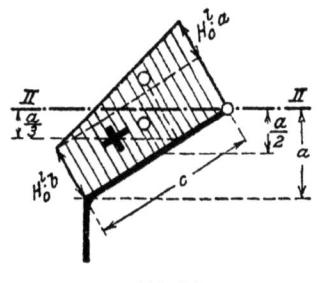

Abb. 7c.   Abb. 7d.

Hiermit berechnet sich für S_I

$$S_I = H_o{}^l b \frac{b}{2} \cdot \frac{2}{3} b - H_o{}^r b \frac{b}{2} \cdot \frac{2}{3} b - \frac{1}{3} \frac{W \cdot b^2}{2f} \cdot b \cdot \frac{3}{4} b$$

$$S_I = -\frac{W b^3}{24 f} \cdot (3b - 4f).$$

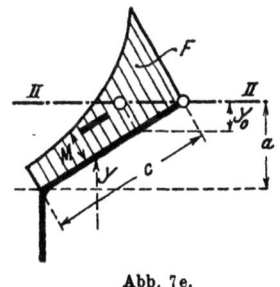
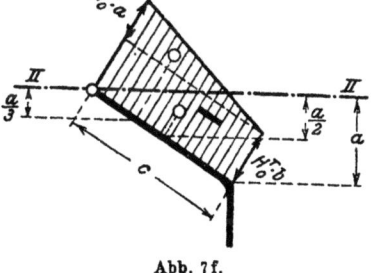

Abb. 7e.   Abb. 7f.

Für die statischen Momente der Momentenflächen, auf die Achse $II \div II$ bezogen, ergibt sich

$$S_{II} = H_o{}^l \cdot b \cdot c \cdot \frac{a}{2} + H_o{}^l \cdot a \cdot \frac{c}{2} \cdot \frac{a}{3} - H_o{}^r b \cdot c \cdot \frac{a}{2}$$
$$- H_o{}^r a \cdot \frac{c}{2} \cdot \frac{a}{3} - F \cdot y_o.$$

Nach Abb. 7^e ist nun F die Momentenfläche aus dem Einfluß der Last W im Riegel c und y_0 der Schwerpunktsabstand dieser Fläche von der Achse $II \div II$. Der Flächeninhalt und Schwerpunktsabstand dieser Momentenfläche berechnet sich aus

$$F = \int M \cdot dc \quad \text{und} \quad y_0 = f - \frac{\int M \cdot y \cdot dc}{\int M \, dc}.$$

Es ist nun

$$M = \frac{W}{f} \cdot \frac{y^2}{2}$$

und somit ist

$$F = \frac{W}{6f} \cdot \frac{c}{a} \cdot (f^3 - b^3)$$

hiermit folgt

$$y_0 = f - \frac{3}{4} \frac{f^4 - b^4}{f^3 - b^3}.$$

Setzt man nun diese Werte in den vorstehenden Ausdruck für S_{II} ein, so ergibt sich

$$S_{II} = -\frac{W \cdot c}{24} \left[\frac{f^3 - 4 b^3 + \dfrac{3 b^4}{f}}{a} - 2a(3b+a) \right]$$

Mit diesen Werten für S_I und S_{II} erhält man aus Gleichung 2)

$$H = \frac{W}{8} \cdot \frac{\dfrac{b}{f} \cdot \dfrac{3b-4f}{J_1} + \dfrac{c}{bJ_2}\left[\dfrac{f^3-4b^3}{a^2} + \dfrac{3b^4}{fa^2} - 2(3b+a)\right]}{\dfrac{3 \cdot fl}{ab^2 F_a} + \dfrac{2a}{f}\left(\dfrac{b}{J_1}+\dfrac{c}{J_2}\right)} \quad \ldots 6)$$

Aus dem Aufbau der Formel 6) ist zu ersehen, daß der Wert für H negativ wird, das heißt die Spannkraft in der Stange ist für diesen Belastungsfall eine Druckkraft. Da man nun aber in der praktischen Ausführung die Stange nur als Zugorgan ausbilden wird, so muß bei der Untersuchung und Berechnung von Bauwerken der vorliegenden Art besonders darauf geachtet werden, ob kein Belastungsfall eintreten kann, wobei die resultierende Spannkraft H eine Druckkraft ist. Für einen solchen Fall verhält sich dann das System wie der statisch bestimmte Dreigelenkrahmen.

7. Wagerechte Belastung durch gleichmäßig verteilte Last W auf die Strecke b.

In den Abbildungen 8 bis 8f ist dieser Belastungsfall und die aus diesem sich ergebenden Momentenflächen dargestellt.

Es ist im Dreigelenkrahmen

$$A = B = \pm \frac{W \cdot b}{2\,l}$$

und

$$H_o^l = W \cdot \frac{4f - b}{4f};$$

$$H_o^r = \frac{W \cdot b}{4f}.$$

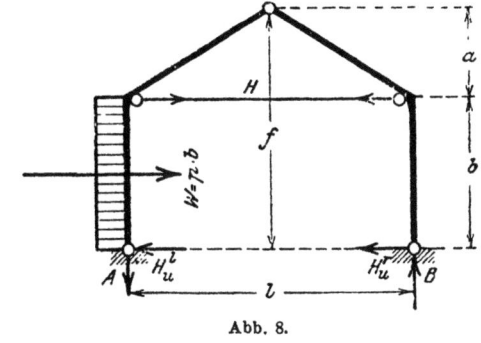

Abb. 8.

Die statischen Momente der Momentflächen, auf die Achse $I \div I$ berechnet, ergibt

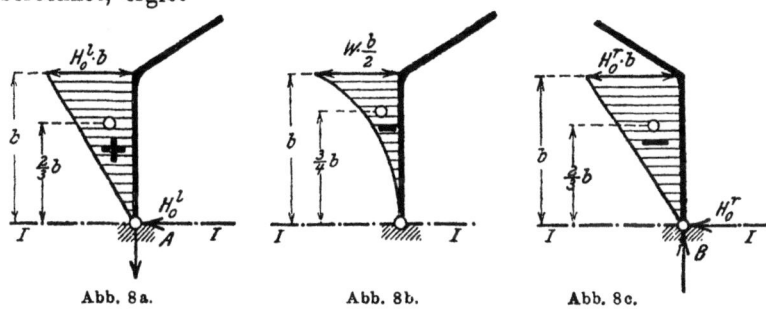

Abb. 8a. Abb. 8b. Abb. 8c.

$$\left. \begin{aligned} S_I = &- \frac{W \cdot b}{2} \cdot \frac{b}{3} \cdot \frac{3}{4} b \\ &+ H_o^l\, b \cdot \frac{b}{2} \cdot \frac{2}{3} b \\ &- H_o^r\, b \cdot \frac{b}{2} \cdot \frac{2}{3} b \end{aligned} \right\} = \begin{aligned} &- \frac{W b^3}{8} \\ &+ H_o^l\, \frac{b^3}{3} \\ &- H_o^r\, \frac{b^3}{3} \end{aligned}$$

$$S_I = -\frac{W b^3}{8} + \frac{b^3}{3}(H_o^l - H_o^r).$$

Setzt man die Werte für $H_o{}^l$ und $H_o{}^r$ in die letzte Gleichung ein, so erhält man
$$S_I = \frac{W b^3}{24 \cdot f}(5a + b).$$

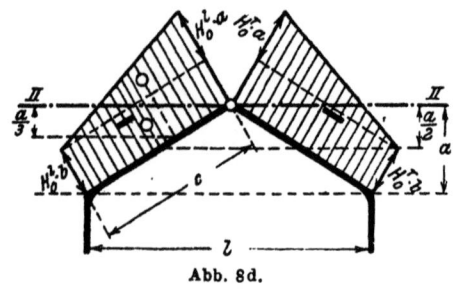

Abb. 8d.

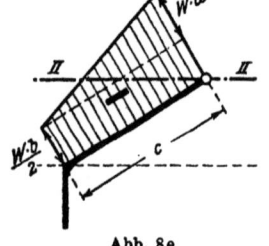

Abb. 8e.

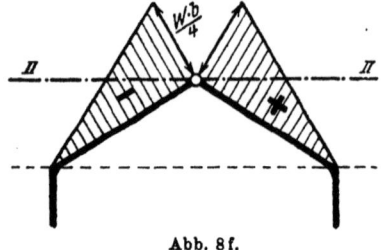

Abb. 8f.

Aus den Abbildungen 8d bis 8f berechnet sich

$$\left.\begin{array}{l}S_{II} = H_o{}^l \cdot b \cdot c \cdot \dfrac{a}{2} + H_o{}^l\, a \cdot \dfrac{c}{2}\,\dfrac{a}{3} \\[4pt] -\, H_o{}^r\, b \cdot c \cdot \dfrac{a}{2} - H_o{}^r\, a \cdot \dfrac{c}{2} \cdot \dfrac{a}{3} \\[4pt] -\, W\,\dfrac{b}{2} \cdot c \cdot \dfrac{a}{2} - W \cdot a \cdot \dfrac{c}{2} \cdot \dfrac{a}{3}\end{array}\right\} = \begin{array}{l} H_o{}^l\,\dfrac{a \cdot c}{2}\left(b + \dfrac{a}{3}\right) \\[4pt] -\, H_o{}^r \cdot \dfrac{a c}{2}\left(b + \dfrac{a}{3}\right) \\[4pt] -\, W \cdot \dfrac{a \cdot c}{2}\left(\dfrac{b}{2} + \dfrac{a}{3}\right)\end{array}$$

$$S_{II} = (H_o{}^l - H_o{}^r)\,\frac{a \cdot c}{2}\left(b + \frac{a}{3}\right) - W \cdot \frac{a c}{2}\left(\frac{b}{2} + \frac{a}{3}\right).$$

Es ist nun aber
$$H_o{}^l - H_o{}^r = \frac{W}{2f}(2a + b)$$
und so erhält man diesem Ausdruck für S_{II} den Wert
$$S_{II} = \frac{W \cdot a^2 b c}{6 f}.$$

Mit diesen Werten für S_I und S_{II} erhält man aus der Gleichung 2)

$$H = -W \frac{\dfrac{b}{J_1} \cdot \dfrac{5a+b}{8a} + \dfrac{c}{2J_2}}{\dfrac{3f^2 l}{a^2 b^2 F_a} + 2\left(\dfrac{b}{J_1} + \dfrac{c}{J_2}\right)} \quad \ldots \quad 7)$$

Auch für diesen Belastungsfall wird die Zugstange durch eine Druckkraft beansprucht und gelten für diesen Zustand die gleichen Einschränkungen, wie sie im vorhergehenden Abschnitt besprochen wurden.

8. Wagerecht wirkende Einzellast W.

Die Kraftwirkung sowie die Verteilung der Momente im statisch bestimmten Grundsystem ist in den Abbildungen 9 bis 9e gezeichnet.

Es ist

$$A = B = \pm \frac{Wz}{l}.$$

Die wagerechten Auflagerreaktionen bestimmen sich zu

$$H_o^l = W \frac{2f-z}{2f}$$

und

$$H_o^r = W \frac{z}{2f}.$$

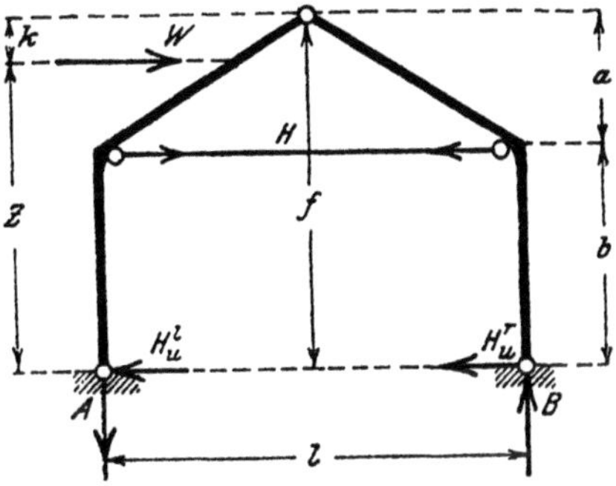

Abb. 9.

Das statische Moment S_I berechnet sich nun nach den Abbildungen 9a u. 9b zu

$$S_I = H_o^l \cdot b \cdot \frac{b}{2}$$
$$\cdot \frac{2}{3} b - H_o^r b$$
$$\cdot \frac{b}{2} \cdot \frac{2}{3} b$$
$$S_I = \frac{b^3}{3}(H_o^l - H_o^r).$$

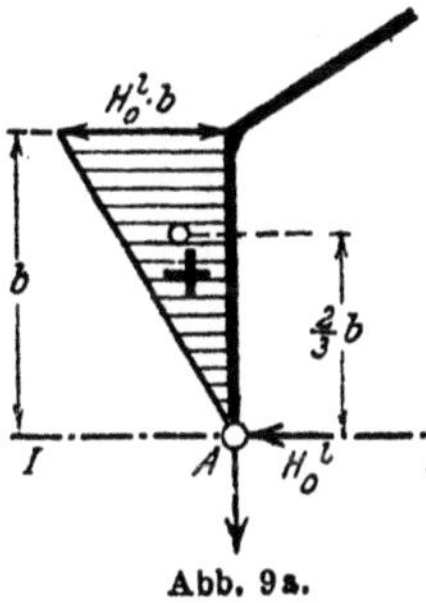

Abb. 9a. 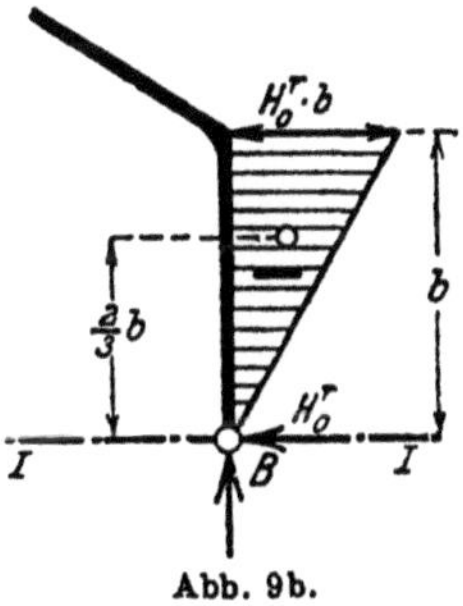   Abb. 9b.

Da nun aber
$$H_o^l - H_o^r = \frac{W}{f} \cdot (f-z) = W \cdot \frac{k}{f}$$
ist, so wird
$$S_I = \frac{W \cdot k b^3}{3 f}.$$

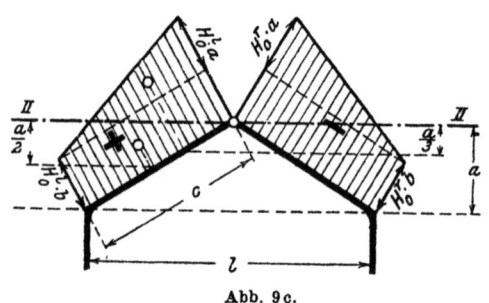

Abb. 9c.

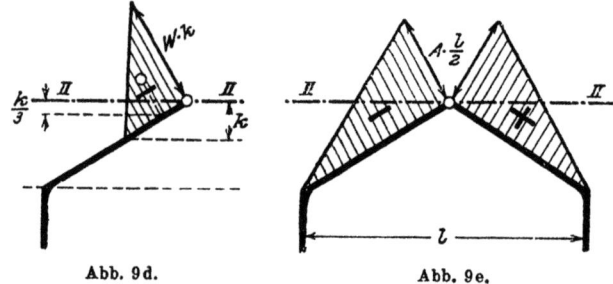

Abb. 9d. Abb. 9e.

Aus den Abbildungen 9c bis 9e folgt

$$\begin{aligned}
S_{II} = H_o^l b \cdot c \cdot \frac{a}{2} + H_o^l \cdot a \cdot \frac{c}{2} \cdot \frac{a}{3} & \quad & H_o^l \frac{ac}{2}\left(b + \frac{a}{3}\right) \\
- H_o^r b \cdot c \cdot \frac{a}{2} - H_o^r \cdot a \cdot \frac{c}{2} \cdot \frac{a}{3} & \Bigg\} = & - H_o^r \cdot \frac{ac}{2}\left(b + \frac{a}{3}\right) \\
- W \cdot k \cdot \frac{k \cdot c}{2a} \cdot \frac{k}{3} & \quad & - W \frac{k^3 c}{6a}
\end{aligned}$$

$$S_{II} = \frac{W \cdot a \cdot c \cdot k}{6 f}\left(3b + a - k^2 \frac{f}{a^2}\right).$$

Mit diesen Werten von S_I und S_{II} erhält man aus der Gleichung 2)

$$H = -W \cdot k \cdot \frac{\dfrac{b}{J_1} + \dfrac{c}{2bJ_2}\left(3b+a-k^2\dfrac{f}{a^2}\right)}{\dfrac{3f^2l}{ab^2F_a} + 2a\left(\dfrac{b}{J_1}+\dfrac{c}{J_2}\right)} \quad . \quad . \quad 8)$$

Diese vorstehenden Untersuchungen umfassen die am häufigsten vorkommenden Belastungsfälle, und wird man zur Berechnung eines Tragorganes der vorliegenden Art bei den meisten Fällen mit den hier entwickelten Formeln auskommen. Es wäre nun noch der Einfluß einer lotrechten Einzellast P auf das System zu untersuchen und soll zu diesem Zwecke die Einflußlinie für die Stangenkraft H berechnet werden, denn mit Kenntnis der Einflußlinie läßt sich die Berechnung des ganzen Systems auf die einfachste Form bringen.

9. Die Einflußlinie für H.

Nach den Gesetzen aus der Elastizitätslehre ist

$$\int M_0 M_a \frac{ds}{EJ} = \Sigma P_m \delta_{ma}.$$

Auf den vorliegenden Fall angewendet, bedeutet δ_{ma} die Verschiebung eines Punktes m im Sinne der Kraft P, wenn die Stangenkraft H die Größe -1 annimmt; die Gleichung 1) nimmt mit Beachtung des oben Gesagten die allgemeine Form

$$H = \frac{\Sigma P_m \delta_{ma}}{\dfrac{l}{EF_a} + \delta_{aa}}$$

an.

Die δ_{ma}-Linie ist somit die Biegungslinie für den Belastungszustand $H=-1$ und soll im folgenden zuerst berechnet werden.

In den Abbildungen 10 und 11 ist der Belastungszustand $H=-1$ und $P=1$ in einem Querschnitt mit der Entfernung m vom linken Auflager des Dreigelenkrahmens dargestellt. Nach diesen Abbildungen ist

$$A = \frac{l-m}{l}; \quad B = \frac{m}{l} \text{ und } H_0 = \frac{m}{2f}.$$

I. Der Dreigelenkrahmen mit Zugband.

Weiter ist
$$M_a = -\frac{a}{f} \cdot y.$$

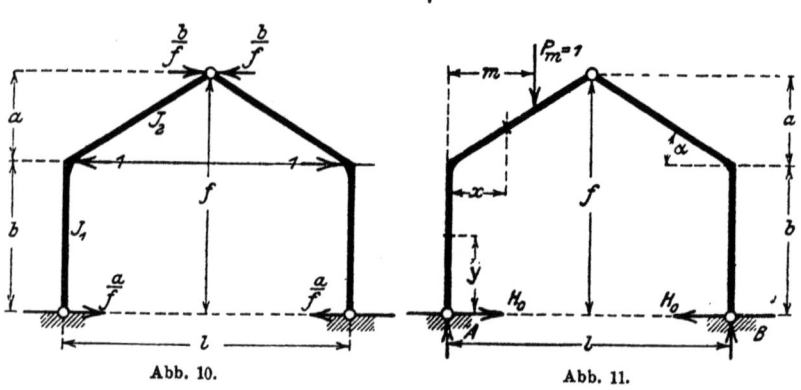

Abb. 10. Abb. 11.

Im folgenden soll nun der Einfluß der einzelnen Rahmenteile auf den Wert von $\Sigma P_m \delta_{ma} = \int M_0 M_a \frac{ds}{EJ}$ untersucht werden.

Für die Ständer gilt:
$$M_0 = -\frac{m}{2f} \cdot y$$
und es ist weiter
$$M_0 M_a = \frac{a \cdot m}{2f^2} \cdot y^2,$$
somit wird
$$\int M_0 M_a \frac{ds}{EJ} = 2 \cdot \frac{a \cdot m}{2f^2} \int_0^b y^2 \frac{dy}{EJ_1} = \frac{a \cdot m \cdot b^3}{3f^2 EJ_1}.$$

Für den rechten Riegel ist:
$$M_0 = \frac{m}{l} \cdot x - \frac{m}{2f} \cdot y$$
mit
$$y = b + x \cdot \operatorname{tg} \alpha$$
wird
$$M_0 = x\left(\frac{m}{l} - \frac{m \cdot \operatorname{tg} \alpha}{2f}\right) - \frac{m \cdot b}{2f}.$$

9. Die Einflußlinie für H.

Weiter ist
$$M_a = -\frac{a}{f} \cdot y + 1 \cdot x \operatorname{tg} \alpha$$
und mit
$$y = b + x \cdot \operatorname{tg} \alpha$$
wird
$$M_a = x \frac{b}{f} \cdot \operatorname{tg} \alpha - \frac{ab}{f},$$
dann erhält man
$$M_o M_a = \left[x \left(\frac{m}{l} - \frac{m \cdot \operatorname{tg} \alpha}{2f} \right) - \frac{mb}{2f} \right] \cdot \left[x \frac{b}{f} \operatorname{tg} \alpha - \frac{ab}{f} \right]$$
und es ist
$$\int_0^{\frac{l}{2}} M_o M_a \cdot \frac{dx}{EJ_2 \cos \alpha} = m \cdot \frac{ab^2 l}{12 f^2 EJ_2 \cos \alpha}.$$

Für den linken Riegel ist:
a) in den Grenzen $x = 0$ und $x = m$
$$M_o = \frac{l-m}{l} \cdot x - \frac{m}{2f} \cdot y$$
und mit
$$y = b + x \cdot \operatorname{tg} \alpha$$
erhält man
$$M_o = x \left(1 - \frac{m}{l} - \frac{m \operatorname{tg} \alpha}{2f} \right) - \frac{m \cdot b}{2f}.$$

Weiter ist
$$M_a = x \frac{b}{f} \cdot \operatorname{tg} \alpha - \frac{ab}{f}$$
und es folgt für
$$\int_0^m M_o M_a \frac{dx}{EJ_2 \cos \alpha} = -m^4 \frac{2ab(2a+b)}{3 f^2 l^2 EJ_2 \cos \alpha}$$
$$+ m^3 \frac{ab(5a+2b)}{3 f^2 l EJ_2 \cos \alpha}$$
$$- m^2 \frac{a^2 b}{2 f^2 EJ_2 \cos \alpha}.$$

Glaser, Berechnung.

Weiter ist

b) in den Grenzen $x = \dfrac{l}{2}$ und $x = m$

$$M_o = m\left(1 - \dfrac{b}{2f}\right) - x\left(\dfrac{m}{l} + \dfrac{m\,\mathrm{tg}\,\alpha}{2f}\right)$$

und es folgt aus $M_o M_a$ für

$$\int_m^{\frac{l}{2}} M_o M_a \dfrac{dx}{EJ_2 \cos \alpha} = m^4 \dfrac{2\,a\,b\,(2\,a+b)}{3 \cdot f^2 l^2 EJ_2 \cos \alpha}$$

$$- m^3 \dfrac{a\,b\,(2\,a+b)}{f^2 l EJ_2 \cos \alpha}$$

$$+ m^2 \dfrac{a\,b\,(2\,a+b)}{2 f^2 EJ_2 \cos \alpha}$$

$$- m \dfrac{a\,b \cdot l\,(2\,a+b)}{12 f^2 EJ_2 \cos \alpha}.$$

Der Einfluß des linken Riegels beträgt somit

$$\int M_o M_a \dfrac{ds}{EJ} = - m^3 \dfrac{a\,b\,(a+b)}{3 f^2 l EJ_2 \cos \alpha} + m^2 \dfrac{a\,b\,(a+b)}{2 f^2 EJ_2 \cos \alpha}$$

$$- m \dfrac{a\,b \cdot l\,(2\,a+b)}{12 f^2 EJ_2 \cos \alpha}.$$

Die Summe dieser einzelnen Werte ergibt nun die Gleichung zur Berechnung der Ordinaten für die δ_{ma}-Linie, und es ist der E fache Wert

$$E \cdot \delta_{ma} = m\left(\dfrac{a\,b^3}{3 f^2 J_1} - \dfrac{a^2 b c}{3 f^2 J_2}\right) + m^2 \dfrac{a\,b\,c}{f l J_2} - m^3 \dfrac{2 \cdot a \cdot b\,c}{3 f l^2 J_2}.$$

Der Ausdruck im Nenner der Gleichung für H lautete

$$\delta_{aa} + \dfrac{l}{EF_a} = \dfrac{l}{EF_a} + \dfrac{2}{3} \dfrac{a^2 b^2}{E f^2}\left(\dfrac{b}{J_1} + \dfrac{c}{J_2}\right)$$

und erhält man somit aus vorstehendem die Gleichung der Einflußlinie für H mit

$$H = \dfrac{m\left(\dfrac{b^2}{J_1} - \dfrac{a \cdot c}{J_2}\right) + m^2 \dfrac{3 c f}{l J_2} - m^3 \dfrac{2 c f}{l^2 J_2}}{\dfrac{3 f^2 l}{a b F_a} + 2 \cdot a \cdot b\left(\dfrac{b}{J_1} + \dfrac{c}{J_2}\right)} \quad . \quad . \quad 9)$$

Zur schnellen und überschlägigen Berechnung des Systems kann man die Trägheitsmomente $J_1 = J_2 = J$ setzen und den Einfluß des Zugstangenquerschnitts F_a vernachlässigen. Dann erhält man für die Ordinaten der Einflußlinie die Gleichung

$$H = \frac{m(b^2 - a \cdot c) + m^2 \dfrac{3cf}{l} - m^3 \dfrac{2cf}{l^2}}{2ab(b+c)} \qquad 10)$$

Aus der Gleichung 10) berechnet sich die von der Einflußlinie begrenzte Fläche zu

$$F = \frac{l^2}{8} \cdot \frac{b + \dfrac{c}{4}\left(3 - \dfrac{a}{b}\right)}{a(b+c)}.$$

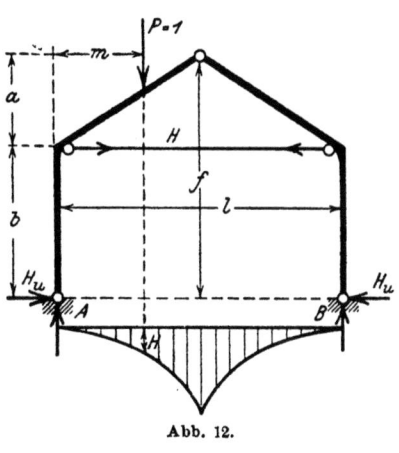

Damit berechnet man angenähert unter den oben getroffenen Voraussetzungen die Spannkraft H für eine gleichmäßig verteilte Einheitslast q auf die Strecke l zu

$$H = q\frac{l^2}{8} \cdot \frac{b + \dfrac{c}{4}\left(3 - \dfrac{a}{b}\right)}{a(b+c)}.$$

Abb. 12.

Dieser Wert stimmt mit den unter 4. gefundenen genau überein.

Nachdem nun die Einflußlinie für H bestimmt ist, können damit auch alle anderen Einflußlinien des Systems berechnet oder konstruiert werden. Im weiteren Verlaufe der Untersuchung sollen einige der wichtigsten dieser Linien dargestellt werden.

10. Die Einflußlinie für das Moment M_c im Ständer.

Unter dem Einfluß lotrechter äußerer Kräfte P erleidet der Ständer im Abstande y von dem Auflager ein Moment von der Größe

$$M_c = M_0 - M_a \cdot H.$$

Hierin bedeutet M_0 das Moment im statisch bestimmten System und ist

$$M_0 = -H_0 \cdot y.$$

Für den Ständer war

$$M_a = -\frac{a}{f} \cdot y$$

und wird somit

$$M_c = -H_0 y + \frac{a}{f} \cdot H \cdot y = \frac{a}{f} \cdot y \left(H - \frac{f}{a} \cdot H_0 \right)$$

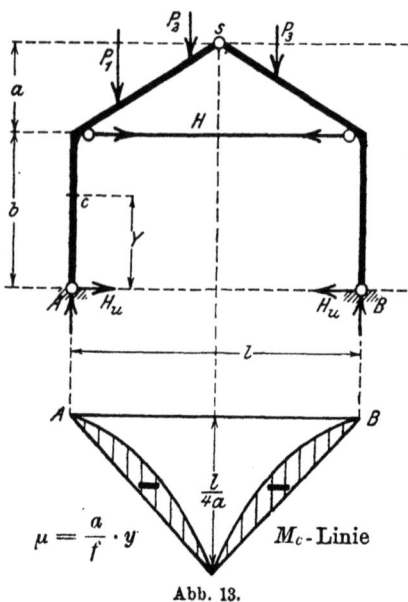

Abb. 13.

Der Horizontalschub des Dreigelenkrahmens berechnet sich aus

$$H_0 = \frac{M_{os}}{f}$$

wo M_{os} das Moment des einfachen Balkens mit der Stützweite l im Querschnitt des Scheitelgelenkes bedeutet. Die Einflußlinie für den Horizontalschub H_0 ergibt sich, indem man die M_{os}-Linie durch f dividiert.

Aus dem Vorstehenden folgt die Konstruktion der Einflußlinie für das Moment M_c.

Man trägt auf einer Geraden $\overline{AB} = l$ im Punkte $\frac{l}{2}$ die Ordinate der $\frac{f}{a} \cdot H_0$-Linie, also $\eta = \frac{f}{a} \cdot \frac{l}{4 \cdot f} = \frac{l}{4 \cdot a}$ auf und verbindet den Endpunkt derselben mit A und B. Diese so erhaltene Einflußlinie wird von der H-Linie subtrahiert. Der Multiplikator der hiermit gefundenen M_c-Linie ist $\mu = \frac{a}{f} \cdot y$.

Mit der Annahme, daß $J_1 = J_2 = J$ und $F_a = 0$ ist, erhält man für H im Querschnitt $\frac{l}{2}$ den Wert $Z = \frac{l}{4a}$ und ist für diesen Fall in der Abb. 13 die Konstruktion der M_c-Linie dargestellt.

11. Die Einflußlinie für das Moment M_x im Riegel.

Das Moment im Querschnitt x des Riegels ist
$$M_x = M_o - M_a \cdot H.$$
Es ist nun
$$M_o = M_{ox} - H_o y.$$
das Moment im Dreigelenkrahmen, und bedeutet M_{ox} das Moment des einfachen Balkens von der Stützweite l.

Für den Riegel war
$$M_a = -\frac{b}{f} \cdot y'$$
und erhält man somit
$$M_x = M_{ox} - H_o y + \frac{b}{f} \cdot H \cdot y'$$

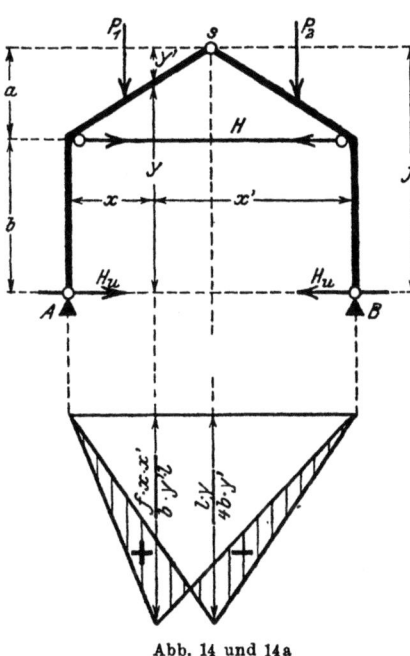

Abb. 14 und 14a

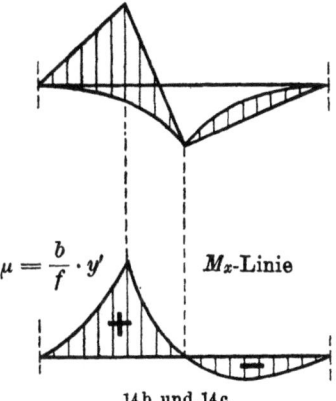

$\mu = \dfrac{b}{f} \cdot y'$ M_x-Linie

14b und 14c.

oder
$$M_x = \frac{b}{f} \cdot y' \left(\frac{f}{b \cdot y'} M_{ox} - \frac{f}{b} \cdot \frac{y}{y'} \cdot H_o + H \right).$$

Aus vorstehendem folgt die Konstruktion der M_x-Linie. Es wird von der $\dfrac{f}{b \cdot y'} M_{ox}$-Linie die $\dfrac{f \cdot y}{b y'} H_o$-Linie subtrahiert und zu der so entstandenen Differenz die H-Linie addiert; der Multiplikator der M_x-Linie ist $\mu = \dfrac{b}{f} \cdot y'$.

In den Abbildungen 14 bis 14ᶜ ist die Konstruktion der Einflußlinie für das Moment M_x im Riegel gezeichnet.

Es empfiehlt sich, bei praktischen Anwendungen gleich die Einflußlinie für die Kernpunktsmomente M_x^o und M_x^u zu zeichnen; denn mit Kenntnis der Kernpunktsmomente sind auch die resultierenden Spannungen im Querschnitt bekannt.

Die übrigen Linien, welche zur Berechnung des Systems noch gebraucht werden, sind in ganz ähnlicher Weise, wie unter 10. und 11. gezeigt worden ist, schnell hergeleitet.

II. Der Dreigelenkrahmen mit Pendelstütze.

1. Erklärungen.

Das in der Abb. 15 gezeichnete System ist ein Dreigelenkrahmen mit einer Pendelstütze. Die Konstruktion ist einfach statisch unbestimmt und wird als unbekannte Kraft die Spannkraft X_r in der Pendelstütze angesehen und diese aus der Beziehung

$$\delta_r = \Sigma P_m \, \delta_{mr} - X_r \cdot \delta_{rr}$$

berechnet.

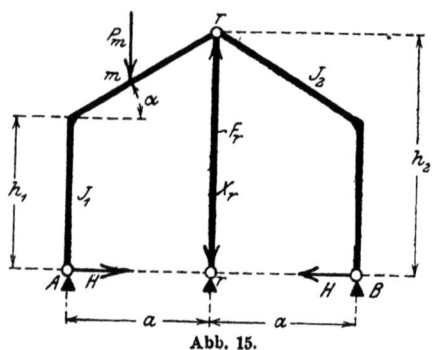

Abb. 15.

Hieraus folgt mit

$$\delta_r = \frac{X_r h_2}{E F_r}$$

$$X_r = \frac{\Sigma P_m \cdot \delta_{mr}}{\dfrac{h_2}{E F_r} + \delta_{rr}}.$$

2. Die Verschiebung δ_{rr}.

Der Wert δ_{rr}, das ist die Verschiebung des Scheitelgelenkes r im statisch bestimmten System unter dem Einfluß einer Last $X_r = -1$, soll in folgendem zuerst berechnet werden, wobei die Normalkräfte wieder als unwesentlich vernachlässigt werden.

Nach Abb. 16 ist für den Belastungszustand $\Sigma P_m = 0$ und $X_r = -1$

$$A_r = \frac{1}{2} \quad \text{und} \quad H_r = \frac{a}{2 h_2}.$$

2. Die Verschiebung δ_{rr}.

Dann ist für den Ständer

$$M_r = -\frac{a}{2h_2} y$$

und

$$M_r^2 = \frac{a^2}{4h_2^2} \cdot y^2.$$

Der Einfluß der Ständer auf den Wert

$$\delta_{rr} = \int M_r^2 \frac{ds}{EJ}$$

ist dann

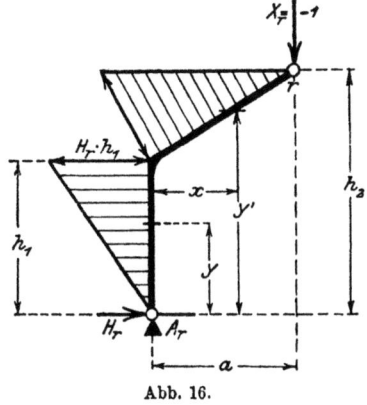

Abb. 16.

$$\int M_r^2 \frac{dy}{EJ} = 2 \cdot \frac{a^2}{4h_2^2} \int_0^{h_1} y^2 \, dy = \frac{a^2 h_1^3}{6 \cdot h_2^2 EJ_1}.$$

Für den Riegel wird

$$M_r = \frac{1}{2} x - \frac{a}{2h_2} y'$$

es ist aber nun

$$y' = h_1 + x \cdot \text{tg } \alpha$$

und man erhält hiermit

$$M_r = \frac{1}{2} x - \frac{a}{2h_2}(h_1 + x \cdot \text{tg } \alpha) = \frac{x}{2}\left(1 - \frac{h_2 - h_1}{h_2}\right) - \frac{a h_1}{2 h_2}$$

oder

$$M_r = \frac{h_1}{2h_2}(x - a).$$

Es' ist dann weiter

$$M_r^2 = \frac{h_1^2}{4h_2^2}(x-a)^2$$

und man erhält

$$\int M_r^2 \frac{ds}{EJ} = \frac{a^3 h_1^2}{6 h_2^2 EJ_2 \cos \alpha}.$$

Der Ausdruck für δ_{rr} lautet somit
$$\delta_{rr} = \frac{a^2 h_1^3}{6 h_2^2 \cdot EJ_1} + \frac{a^3 h_1^2}{6 h_2^2 \cdot EJ_2 \cos\alpha}$$
oder
$$\delta_{rr} = \frac{a^3 h_1^2}{6 h_2^2 \cdot EJ_1}\left(\frac{h_1}{a} + \frac{J_1}{J_2 \cos\alpha}\right) \quad \ldots \quad 11)$$

Der Wert für δ_{rr} ist von den Belastungen unabhängig und für jedes System der vorstehenden Art schnell zu berechnen.

Zur Berechnung des Wertes $\Sigma P_m \delta_{mr}$ sollen im weiteren Verlaufe der Untersuchung die Einflußlinien für die einzelnen Teile des Systems berechnet werden, denn mit Kenntnis der Einflußlinien ist die Berechnung des Systems für fast alle Belastungsfälle sehr vereinfacht. Im folgenden soll nun zuerst die X_r-Linie für die Riegel berechnet werden.

A. Der Einfluß lotrechter Lasten.
3. Die Einflußlinie X_r für die Riegel.

Zur Berechnung dieser Einflußlinie dient die Beziehung
$$\Sigma P_m \delta_{mr} = \int M_0 M_r \frac{ds}{EJ} + \int N_0 \frac{N_r ds}{EF}.$$

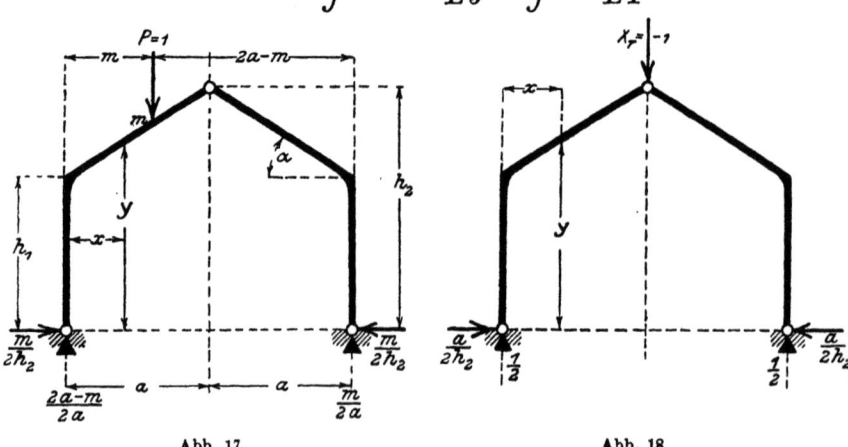

Abb. 17.   Abb. 18.

Der Einfluß der Normalkräfte wird vernachlässigt, dann ist nach den Abbildungen 17 und 18 für den Belastungszustand $X_r = -1$ und $P = 1$ im Abstand m vom linken Auflager

3. Die Einflußlinie X_r für die Riegel.

a) für die Ständer

$$M_o = - \frac{m}{2 h_2} \cdot y$$

und

$$M_r = - \frac{a}{2 h_2} \cdot y.$$

Somit ist

$$\dot M_o \, M_r = \frac{a \, m}{4 \, h_2{}^2} \, y^2$$

und weiter

$$\int M_o \, M_r \, \frac{ds}{EJ} = 2 \cdot \frac{a \cdot m}{4 \, h_2{}^2} \int_0^{h_1} y^2 \, \frac{dy}{EJ_1}$$

oder

$$= \frac{a \cdot m \cdot h_1{}^3}{6 \, h_2{}^2 \, EJ_1}.$$

Dieses ist der Einfluß der beiden Ständer.

b) Der linke Riegel.

Es ist

$$M_o = \frac{2\,a - m}{2\,a} \cdot x - \frac{m}{2\,h_2} \cdot y$$

und mit

$$y = h_1 + x \cdot \operatorname{tg} \alpha$$

wird

$$M_o = x - \frac{m}{2\,a} \cdot x - \frac{m}{2\,h_2} h_1 - \frac{m}{2\,h_2} x \cdot \operatorname{tg} \alpha$$

oder

$$M_o = x \left(1 - \frac{m}{2\,a} - \frac{m}{2\,h_2} \operatorname{tg} \alpha \right) - \frac{m\,h_1}{2\,h_2}.$$

Es war

$$M_r = \frac{h_1}{2\,h_2} (x - a)$$

und man erhält

$$\int_0^m M_o M_r \frac{ds}{EJ_2} = \frac{h_1}{2h_2 EJ_2 \cos\alpha} \left[m^4 \left(\frac{h_1}{6ah_2} - \frac{1}{3a} \right) \right.$$
$$+ m^3 \left(\frac{5}{6} - \frac{h_1}{2h_2} \right)$$
$$\left. + m^2 \left(\frac{ah_1}{2h_2} - \frac{a}{2} \right) \right]$$

Weiter ist für den linken Riegel in den Grenzen $x = a$ und $x = m$

$$M_o = \frac{2a-m}{2a} \cdot x - \frac{m}{2h_2} y - (x-m)$$
$$= m\left(1 - \frac{h_1}{2h_2}\right) - x\left(\frac{m}{2a} + \frac{m \cdot \operatorname{tg}\alpha}{2h_2}\right).$$

Diesen letzten Ausdruck mit $M_r = \frac{h_1}{2h_2}(x-a)$ multipliziert und in den Grenzen $a \div m$ integriert, ergibt

$$\int_m^a M_o M_r \frac{ds}{EJ_2} = \frac{h_1}{2h_2 EJ_2 \cos\alpha} \left[m^4 \left(\frac{1}{3a} - \frac{h_1}{6a \cdot h_2} \right) \right.$$
$$+ m^3 \left(\frac{h_1}{2h_2} - 1 \right)$$
$$+ m^2 \left(a - \frac{ah_1}{2h_2} \right)$$
$$\left. + m \left(\frac{a^2 h_1}{6 h_2} - \frac{a^2}{3} \right) \right]$$

Der Einfluß des linken Riegels ist somit

$$\int M_o M_r \frac{ds}{EJ_2} = \frac{h_1}{2h_2 EJ_2 \cos\alpha} \left[m \cdot a^2 \left(\frac{h_1}{6h_2} - \frac{1}{3} \right) \right.$$
$$\left. + m^2 \frac{a}{2} - m^3 \cdot \frac{1}{6} \right].$$

c) **Der rechte Riegel.**

Es ist

$$M_o = \frac{m}{2a} \cdot x - \frac{m}{2h_2}(h_1 + x \cdot \operatorname{tg}\alpha) = \frac{mx}{2}\left(\frac{1}{a} - \frac{\operatorname{tg}\alpha}{h_2}\right) - \frac{mh_1}{2h_2}.$$

3. Die Einflußlinie X_r für die Riegel.

Mit
$$M_r = \frac{h_1}{2 h_2}(x-a)$$

wird
$$\int M_o M_r \frac{ds}{EJ_2} = \frac{m \cdot a^2 h_1^2}{12 h_2^2 EJ_2 \cos \alpha}.$$

Die Zusammenstellung der unter a), b) und c) berechneten Werte für $\int M_o M_r \frac{ds}{EJ_2}$ ergibt die Gleichung zur Bestimmung der δ_{mr}-Linie für lotrechte Lasten.

Es ist
$$\delta_{mr} = m \left[\frac{a h_1^3}{6 h_2^2 EJ_1} + \frac{a^2 h_1^2}{6 h_2^2 EJ_2} \cdot \frac{h_1 - h_2}{h_1 \cos \alpha} \right]$$
$$+ m^2 \frac{a h_1}{4 h_2 EJ_2 \cos \alpha} - m^3 \frac{h_1}{12 h_2 EJ_2 \cos \alpha} \quad . \quad 12)$$

Aus
$$\eta = \frac{\delta_{mr}}{\frac{h_2}{EF_r} + \delta_{rr}}$$

ergibt sich die Gleichung der Einflußlinie für X_r und ist dieselbe in der Abb. 19 dargestellt.

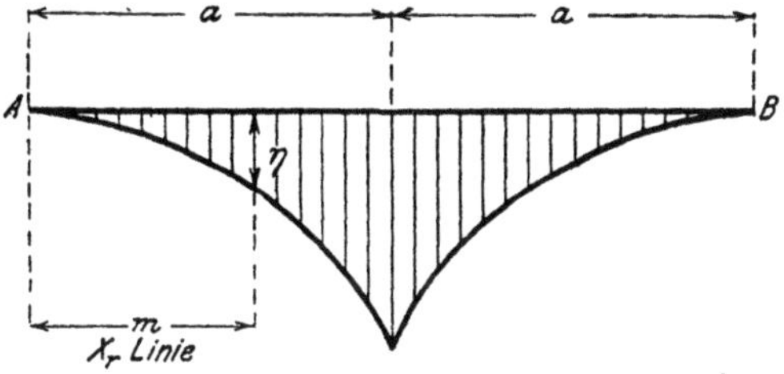

Abb. 19.

Der Inhalt der durch die δ_{mr}-Linie begrenzten Fläche berechnet sich aus
$$F_m = 2 \int_0^a \delta_{mr}\, dm$$

und es ist nach vorstehendem
$$F_m = \frac{a^4 h_1^2}{6 h_2^2 EJ_1} \left[\frac{h_1}{a} + \frac{J_1}{J_2} \frac{h_1 - h_2}{h_1 \cos \alpha} + \frac{3}{4} \cdot \frac{J_1}{J_2} \frac{h_2}{h_1 \cos \alpha} \right] \quad . \quad 13)$$

Mit diesem Werte können zwei der am häufigsten vorkommenden Belastungsfälle berechnet werden und sind diese die Belastung von Q auf die Strecke $2a$ und Q auf die Strecke a.

4. Vollbelastung durch eine gleichmäßig verteilte Last Q.

Für die Belastung mit $Q = g \cdot 2a$ wird

$$X_r = \frac{q \sum\limits_{0}^{2a} \delta_{mr} \cdot dm}{\dfrac{h_2}{EF_r} + \delta_{rr}} = \frac{q F_m}{\dfrac{h_2}{EF_r} + \delta_{rr}}.$$

Mit den Werten aus den Formeln 11) und 13) erhält man für die Spannkraft X_r aus der in Abb. 20 gezeichneten Belastung

$$X_r = q \cdot a \frac{\dfrac{h_1}{a} + \dfrac{J_1}{J_2} \dfrac{h_1 - h_2}{h_1 \cos \alpha} + \dfrac{3}{4} \dfrac{J_1}{J_2} \dfrac{h_2}{h_1 \cos \alpha}}{\dfrac{6 h_2^3 J_1}{a^3 h_1^2 F_r} + \dfrac{h_1}{a} + \dfrac{J_1}{J_2 \cos \alpha}}$$

oder

$$X_r = \frac{Q}{2} \cdot \frac{\dfrac{h_1}{a} + \dfrac{J_1}{J_2} \cdot \dfrac{h_1 - h_2}{h_1 \cos \alpha} + \dfrac{3}{4} \cdot \dfrac{J_1}{J_2} \dfrac{h_2}{h_1 \cos \alpha}}{\dfrac{6 h_2^3 J_1}{a^3 h_1^2 F_r} + \dfrac{h_1}{a} + \dfrac{J_1}{J_2 \cos \alpha}} \quad . \quad 14)$$

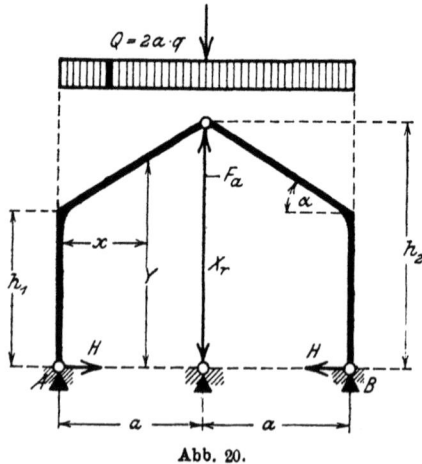

Abb. 20.

Das Moment in einem Querschnitt x des Riegels ist
$$M_x = M_0 - M_r X_r$$
und bedeutet hierin M_0 das Moment im statisch bestimmten System.

Es war
$$M_r = \frac{h_1}{2 h_2} \cdot (x - a)$$
$$= - \frac{h_1}{2 h_2} (a - x)$$

und es ist
$$M_0 = \frac{Q}{2} \cdot x - \frac{q x^2}{2} - H_0 \cdot y,$$

mit
$$H_0 = \frac{Q \cdot a}{4 \cdot h_2}$$

wird
$$M_x = \frac{Q}{2} \cdot x - \frac{q x^2}{2} - \frac{Q \cdot a}{4 h_2} \cdot y + \frac{h_1}{2 h_2} (a - x \cdot) X_r.$$

Der Querschnitt des Riegels, in welchem das Moment M_x seinen größten Wert erreicht, bestimmt sich aus der Beziehung

$$\frac{dM_x}{dx} = 0,$$

Mit
$$y = h_1 + x \cdot \operatorname{tg} \alpha$$

ergibt sich

$$\frac{dM_x}{dx} = \frac{Q}{2} - qx - \frac{Q \cdot a}{4h_2} \operatorname{tg} \alpha$$
$$- \frac{h_1}{2h_2} X_r$$

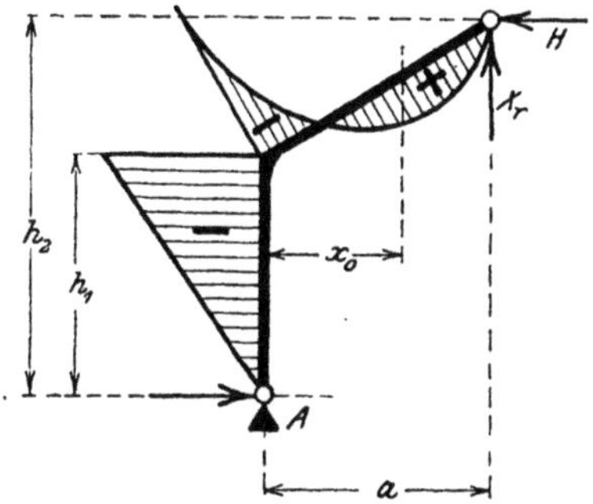

und hieraus

$$x_0 = a\left(\frac{1}{2} + \frac{h_1}{2h_2} - \frac{h_1}{h_2} \cdot \frac{X_r}{Q}\right) \quad \ldots \ldots \quad 15)$$

Abb. 21.

5. Belastung durch gleichmäßig verteilte Last Q auf die Strecke a.

Es ist wieder

$$X_r = \frac{q \cdot \Sigma \delta_{mr}}{\frac{h_2}{EF_r} + \delta_{rr}}$$

$$= \frac{1}{2} q \cdot \frac{F_m}{\frac{h_2}{EF_r} + \delta_{rr}}$$

und erhält die Gleichung für X_r genau dieselbe Form wie die Formel 14), nur ist bei der Anwendung dieser zu beachten, daß für den vorliegenden Belastungsfall Q einen anderen Wert haben wird als wie im vorhergehenden Abschnitt.

Für andere Belastungszustände durch lotrechte Lasten verwendet man zur Berechnung von X_r zweckmäßig Einfluß-

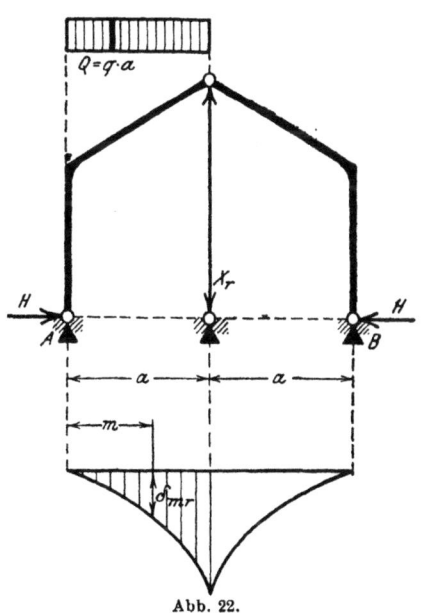

Abb. 22.

6. Die A-Linie.

Die Auflagerreaktion A_0 im statisch bestimmten System, dem Dreigelenkrahmen, ermittelt sich wie bei dem einfachen Balken von der gleichen Stützweite. Die Einflußlinie für A_0 ist also eine Gerade, welche im Auflagerpunkt A den Wert $z = 1$ hat und im Auflagerpunkt B den Wert $z' = 0$.

Es ist nun
$$A = A_0 - A_r X_r$$
und bedeutet $A_r = \dfrac{1}{2}$ den Wert für X_r im Belastungszustand $\Sigma P = 0$ und $X_r = -1$.

Somit ist
$$A = A_0 - \frac{1}{2} X_r$$
oder
$$A = \frac{1}{2}(2A_0 - X_r) \quad \ldots \ldots \quad 16)$$

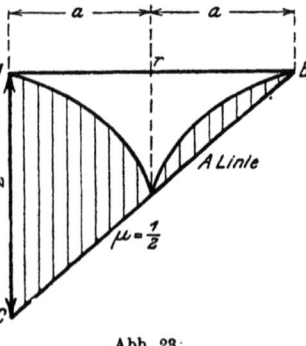

Abb. 23.

Aus der Formel 16) folgt die Konstruktion der Einflußlinie für die Auflagerreaktion A des Dreigelenkrahmens mit einer Pendelstütze.

Man trägt im Punkt A der Abszissenachse $\overline{AB} = 2a$ den Wert $\overline{AC} = 2$ auf und verbindet C mit B durch eine gerade Linie. Von dieser mit 2 multiplizierten A_0-Linie wird dann die X_r-Linie subtrahiert, und man erhält als Differenz die Einflußlinie für A. Diese Konstruktion ist in der Abb. 23 dargestellt. Der Multiplikator der A-Linie ist $\mu = \dfrac{1}{2}$.

7. Die Einflußlinie für den Horizontalschub H.

Der Horizontalschub H berechnet sich aus
$$H = H_o - H_r X_r$$
und bedeutet

H_o den Horizontalschub im Dreigelenkrahmen,

H_r den Horizontalschub im Dreigelenkrahmen für den Belastungszustand $\Sigma P = 0$ und $X_r = -1$.

Es ist
$$H_o = \frac{M_{or}}{h_2}$$
und
$$H_r = \frac{a}{2 h_2}$$
somit erhält man
$$H = \frac{M_{or}}{h_2} - \frac{a}{2 h_2} X_r$$
oder
$$H = \frac{a}{2 h_2}\left(\frac{2 M_{or}}{a} - X_r\right) \quad 17)$$

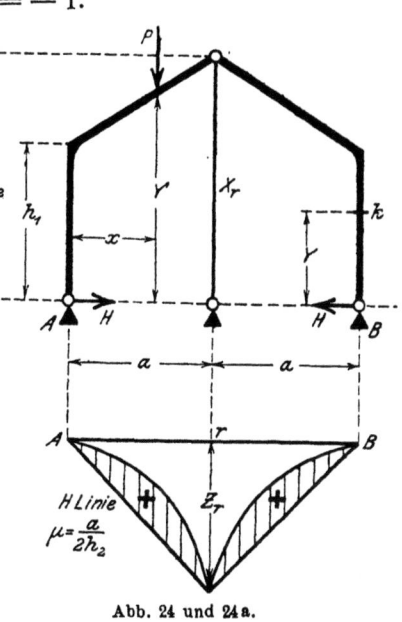

Abb. 24 und 24a.

In der Formel 17) ist M_{or} das Moment eines einfachen Balkens von der Stützweite $2a$ und auf den Querschnitt r bezogen, in welchem das Scheitelgelenk des Dreigelenkrahmens liegt. Aus der Formel 17) folgt die Konstruktion der H-Linie.

Man trägt auf der Abszissenachse im Punkte r den Wert $z_r = \frac{2}{a} \cdot \frac{a}{2} = 1$ auf und verbindet den Endpunkt A und B. Von dieser $\frac{2}{a} \cdot M_{or}$-Linie wird die X_r-Linie subtrahiert, um die H-Linie zu erhalten. Der Multiplikator ist $\mu = \frac{a}{2 h_2}$. Die H-Linie ist in der Abb. 24a gezeichnet.

8. Die Einflußlinie für das Moment M_k im Ständer.

Aus der H-Linie läßt sich leicht durch Veränderung des Multiplikators die Einflußlinie für das Moment M_k im Querschnitt k des Ständers herleiten.

Es ist
$$M_k = -H \cdot y. \quad \text{(s. Abb. 24.)}$$
oder
$$M_k = -\frac{a}{2h_2} \cdot y \left(\frac{2 M_{or}}{a} - X_r \right) \quad \ldots \quad 18)$$

Die M_k-Linie erhält man somit aus der H-Linie mit dem Multiplikator $\mu = -y$.

9. Die Einflußlinie für das Moment M_x im Riegel.

Für einen Querschnitt x im Riegel ist das Moment
$$M_x = M_{ox} - M_r X_r$$
und bedeutet hierin
$$M_{ox} = M_o - H_o y'$$
das Moment im Dreigelenkrahmen, wobei M_o das Moment im einfachen Balken von der Stützweite $2a$ ist. Es war
$$M_r = -\frac{h_1}{2 h_2} \cdot (a - x)$$
und man erhält somit
$$M_x = M_o - H_o \cdot y' + \frac{h_1}{2 h_2} (a - x) X_r$$
oder
$$M_x = \frac{h_1}{2 h_2} (a - x) \left[\frac{2 h_2}{(a-x) h_1} \cdot M_o - \frac{2 h_2 y'}{(a-x) \cdot h_1} H_o + X_r \right] \quad . \quad 19)$$

Aus der Formel 19) ergibt sich die in der Abb. 25 gezeichnete Konstruktion der Einflußlinie für das Moment M_x im Riegel.

Auf der Abszissenachse $\overline{AB} = 2a$ trägt man in x den Wert
$$z_x = \frac{2 h_2}{(a-x) \cdot h_1} M_o = \frac{2 h_2}{(a-x) h_1} \cdot \frac{x \cdot (2a-x)}{2a} = x \frac{2a-x}{a-x} \cdot \frac{h_2}{a \cdot h_1}$$
das ist die mit $\dfrac{2 h_2}{h_1 (a-x)}$ multiplizierte Ordinate der M_o-Linie für den Querschnitt x, auf und verbindet deren Endpunkt mit A und B. Im Punkt r trägt man

9. Die Einflußlinie für das Moment M_x im Riegel.

$$z_r = \frac{2 h_2 y'}{(a-x) \cdot h_1} \cdot H_0 = \frac{2 h_2 y'}{(a-x) \cdot h_1} \cdot \frac{a}{2 h_2} = \frac{a \cdot y'}{h_1 (a-x)}$$

auf; das ist die mit
$$\frac{2 h_2 y'}{(a-x) \cdot h_1}$$
multiplizierte Ordinate der H_0-Linie und verbindet wieder den Endpunkt derselben mit A und B. Zu der Differenz dieser beiden Linien wird die X_r-Linie addiert, und man erhält somit die Einflußlinie für das Moment M_x im Riegel. Der Multiplikator ist
$$\mu = \frac{h_1}{2 h_2}(a-x).$$
Für den Querschnitt r wird
$$\mu_r = \frac{h_1}{2 h_2} \cdot (a-a) = 0,$$
also auch $M_r = 0$.

Zur Untersuchung der resultierenden Spannungen im Querschnitt empfiehlt es sich stets, die Kernpunktsmomente
$$M_x{}^o \text{ und } M_x{}^u$$
zu ermitteln und die Spannungen aus
$$\sigma_x{}^o = -\frac{M_x{}^u}{W^o}$$
und
$$\sigma_x{}^u = +\frac{M_x{}^o}{W^u}$$
zu berechnen.

Es tritt dann an die Stelle von y' der Wert
$$y^o = y' + k_0 = y' + \frac{W^u}{F}$$

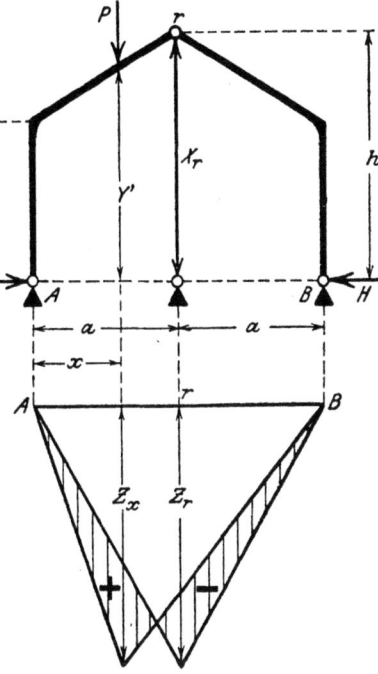

Abb. 25 und 25a.

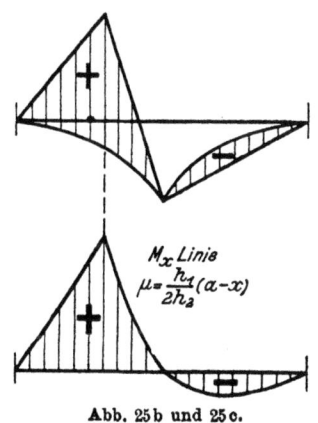

Abb. 25b und 25c.

und
$$y^u = y' - k_u = y' - \frac{W^o}{F}$$

worin F der Querschnitt und W das Widerstandsmoment des Riegels ist.

Bei der Konstruktion der Einflußlinie für M_x ist es am zweckmäßigsten, die resultierenden Ordinaten von einer Abszissenachse aus abzutragen, wie es in der Abb. 25e gezeichnet ist.

B. Der Einfluß wagerechter Lasten.

10. Belastung durch wagerecht wirkende Einzellast W am Ständer.

Für die wagerecht wirkenden Belastungen sollen im folgenden die Formeln zur Berechnung von X_r abgeleitet werden, da es sich für solche Belastungen in den seltensten Fällen rechtfertigt, zuerst eine Einflußlinie zu berechnen. Das Auftreten von wagerechten Lasten ist im Hochbau bei dem vorliegenden System eigentlich nur durch Windbelastung gegeben, seltener noch durch Schrägzug aus einem Kran, für welchen die Kranlaufbahn an dem Ständer befestigt ist. Für diese Belastungszustände ist es aber vorteilhafter, fertige Formeln zum Gebrauche zu haben, als zuerst die Einflußlinie auszurechnen.

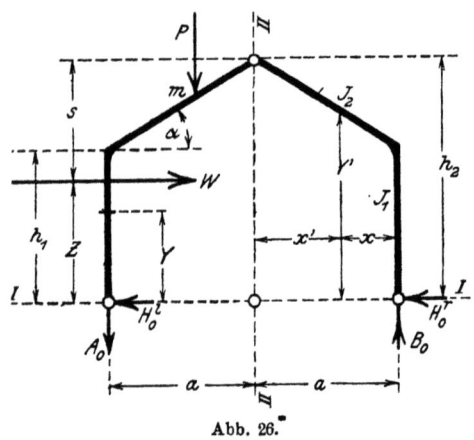

Abb. 26.

Es war
$$X_r = \frac{\Sigma P_m \delta_{mr}}{\frac{h_2}{EF_r} + \delta_{rr}} = \frac{\int M_0 M_r \frac{ds}{EJ}}{\frac{h_2}{EF_r} + \delta_{rr}}$$

10. Belastung durch wagerecht wirkende Einzellast W am Ständer.

und weiter für die Ständer
$$M_r = -\frac{a}{2h_2} \cdot y$$
und für die Riegel
$$M_r = \frac{1}{2}x - \frac{a}{2h_2} \cdot y'.$$

Diesen letzten Wert kann man auch umformen, wenn man für y' den Ausdruck
$$y' = h_1 + x \operatorname{tg} \alpha$$
einsetzt, dann ist
$$M_r = \frac{1}{2}x - \frac{a}{2h_2}(h_1 + x \operatorname{tg} \alpha) = \frac{h_1}{2h_2}x - \frac{ah_1}{2h_2}$$
oder
$$M_r = -\frac{h_1}{2h_2}(a-x) = -\frac{h_1}{2h_2}x'.$$

Zur Berechnung von X_r erhält man aus vorstehendem
$$X_r = \frac{-\dfrac{a}{2h_2}\int M_0 y \dfrac{ds}{EJ_1} - \dfrac{h_1}{2h_2}\int M_0 x' \dfrac{ds}{EJ_2}}{\dfrac{h_2}{EF_r} + \delta_{rr}}.$$

Die Werte
$$\int M_0 y \frac{ds}{EJ_1} \quad \text{und} \quad \int M_0 x' \frac{ds}{EJ_2}$$
kann man als die statischen Momente der reduzierten Momentenflächen des statisch bestimmten Systems, bezogen auf die Achsen $I \div I$ und $II \div II$ deuten. S. Abb. 26. Bezeichnet man nun diese Momente mit S_I und S_{II} und setzt in obige Gleichung noch den Wert für δ_{rr} aus der Formel 11) ein, so erhält man

$$X_r = \frac{-\dfrac{a}{2h_2}\Sigma \dfrac{S_I}{J_1} - \dfrac{h_1}{2h_2}\Sigma \dfrac{S_{II}}{J_2}}{\dfrac{h_2}{EF_r} + \dfrac{a^3 h_1{}^2}{6h_2{}^2 EJ_1}\left(\dfrac{h_1}{a} + \dfrac{J_1}{J_2 \cos \alpha}\right)}$$

oder

$$X_r = \frac{-a\Sigma \dfrac{S_I}{J_1} - h_1 \Sigma \dfrac{S_{II}}{J_2}}{\dfrac{2h_2{}^2}{F_r} + \dfrac{a^3 h_1{}^2}{3h_2 J_1}\left(\dfrac{h_1}{a} + \dfrac{J_1}{J_2 \cos \alpha}\right)} \quad \ldots \quad 19)$$

II. Der Dreigelenkrahmen mit Pendelstütze.

Für den in der Abb. 26 gezeichneten Belastungsfall ist

$$A_0 = B_0 = \pm \frac{W \cdot z}{2a},$$

die wagerechten Auflagerreaktionen bestimmen sich aus

$$H_0^l = W \frac{2h_2 - z}{2h_2} \quad \text{und} \quad H_0^r = W \frac{z}{2h_2}.$$

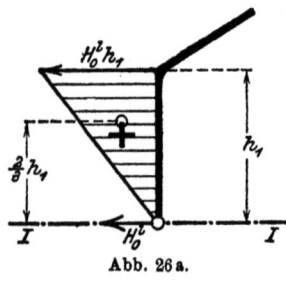

Abb. 26a.

Zur Berechnung der statischen Momente S_I und S_{II} werden die Einflüsse der äußeren Kräfte auf die Biegungsmomente getrennt untersucht und sind in den Abbildungen 26a ÷ 26e diese Momentenflächen aufgezeichnet.

Das auf die Achse $I \div I$ bezogene statische Moment dieser Flächen berechnet sich zu

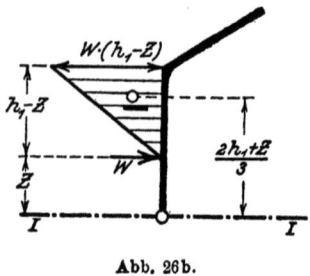

Abb. 26b.

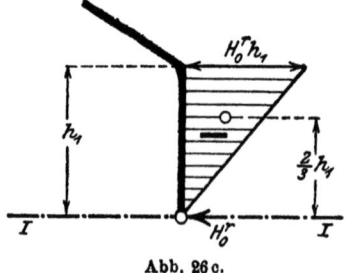

Abb. 26c.

$$\left.\begin{aligned} S_I = {}& H_0^l h_1 \cdot \frac{h_1}{2} \cdot \frac{2}{3} h_1 \\ & - H_0^r h_1 \frac{h_1}{2} \cdot \frac{2}{3} h_1 \\ & - W \cdot (h_1 - z) \cdot \frac{h_1 - z}{2} \cdot \frac{2h_1 + z}{3} \end{aligned}\right\} = \begin{aligned} & (H_0^l - H_0^r) \cdot \frac{h_1^3}{3} \\ & - \frac{W}{6}(2h_1^3 - 3h_1^2 z + z^3) \end{aligned}$$

Setzt man für

$$H_0^l - H_0^r = W \cdot \frac{h_2 - z}{h_2},$$

10. Belastung durch wagerecht wirkende Einzellast W am Ständer.

so ergibt sich

$$S_I = W \cdot \frac{h_1^2 z}{6} \left(3 - 2\frac{h_1}{h_2} - \frac{z^2}{h_1^2}\right).$$

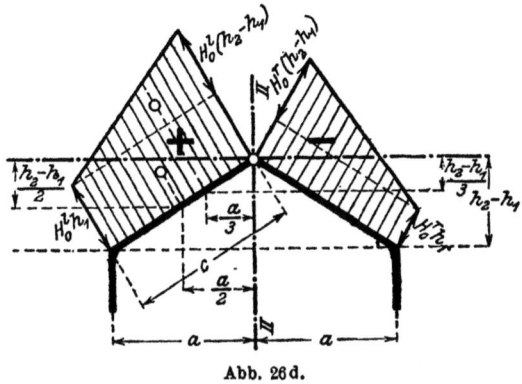

Abb. 26d.

Für S_{II} ergibt sich aus Abb. 26d ÷ Abb. 26e

$$S_{II} = H_o^l \cdot h_1 \cdot c\frac{a}{2} + H_o^l(h_2 - h_1) \cdot \frac{c}{2} \cdot \frac{a}{3}$$

$$- H_o^r h_1 c \cdot \frac{a}{2} - H_o^r(h_2 - h_1)\frac{c}{2} \cdot \frac{a}{3}$$

$$- W \cdot (h_1 - z) \cdot c \cdot \frac{a}{2} - W \cdot (h_2 - h_1)\frac{c}{2} \cdot \frac{a}{3}$$

oder

$$S_{II} = \frac{ac}{6}(2h_1 + h_2)(H_o^l - H_o^r)$$

$$- W \cdot \frac{ac}{6}(2h_1 + h_2 - 3z).$$

Setzt man wieder für

$$H_o^l - H_o^r = W \cdot \frac{h_2 - z}{h_2}$$

ein, so erhält man

$$S_{II} = W \cdot \frac{a \cdot cz}{3} \cdot \frac{h_2 - h_1}{h_2}.$$

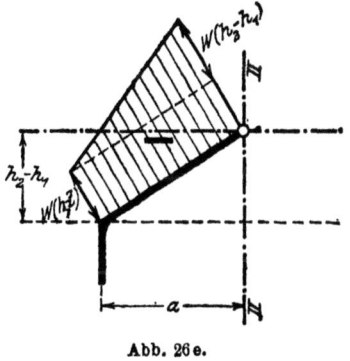

Abb. 26e.

Setzt man nun diese für S_I und S_{II} gefundenen Werte in die Formel 19) ein, so ergibt sich

$$X_r = \frac{-W \cdot \dfrac{a \cdot h_1^2 z}{6 J_1}\left(3 - 2\dfrac{h_1}{h_2} - \dfrac{z^2}{h_1^2}\right) - W \cdot \dfrac{a \cdot c h_1 z}{3 J_2} \cdot \dfrac{h_2 - h_1}{h_2}}{\dfrac{2 h_2^2}{F_r} + \dfrac{a^3 h_1^2}{3 h_2 J_1}\left(\dfrac{h_1}{a} + \dfrac{J_1}{J_2 \cos \alpha}\right)}$$

$$X_r = -W \cdot \frac{\dfrac{3}{2} - \dfrac{h_1}{h_2} - \dfrac{z^2}{2 h_1^2} + \dfrac{J_1}{J_2}\dfrac{c}{h_1} \cdot \dfrac{h_2 - h_1}{h_2}}{\dfrac{6 \cdot h_2^2 J_1}{a \cdot z h_1^2 F_r} + \dfrac{a^2}{h_2 z}\left(\dfrac{h_1}{a} + \dfrac{J_1}{J_2 \cos \alpha}\right)} \quad \ldots \text{ 20)}$$

11. Belastung durch eine wagerecht wirkende Einzellast W am Riegel.

Dieser Belastungszustand ist in der Abb. 27 dargestellt, und es sind die Werte für A_0; B_0; H_0^l und H_0^r gleich den unter 10. berechneten.

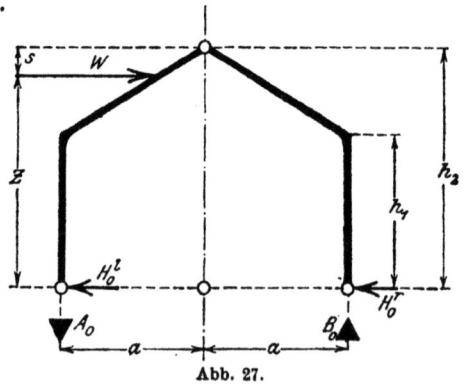

Abb. 27.

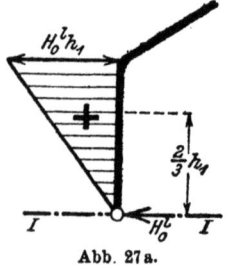

Abb. 27a.

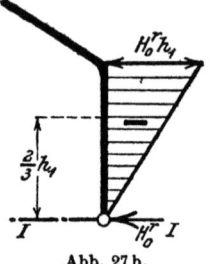

Abb. 27b.

11. Belastung durch eine wagerecht wirkende Einzellast W am Riegel.

Nach den Abbildungen 27a und 27b ist

$$\left.\begin{array}{l} S_I = H_o^l \cdot h_1 \dfrac{h_1}{2} \cdot \dfrac{2}{3} h_1 \\ \quad - H_o^r \cdot h_1 \dfrac{h_1}{2} \cdot \dfrac{2}{3} h_1 \end{array}\right\} = (H_o^l - H_o^r) \dfrac{h_1^3}{3}$$

oder

$$S_I = W \cdot \dfrac{h_2 - z}{h_2} \cdot \dfrac{h_1^3}{3} = W \cdot \dfrac{h_1^3}{3} \cdot \dfrac{s}{h_2}.$$

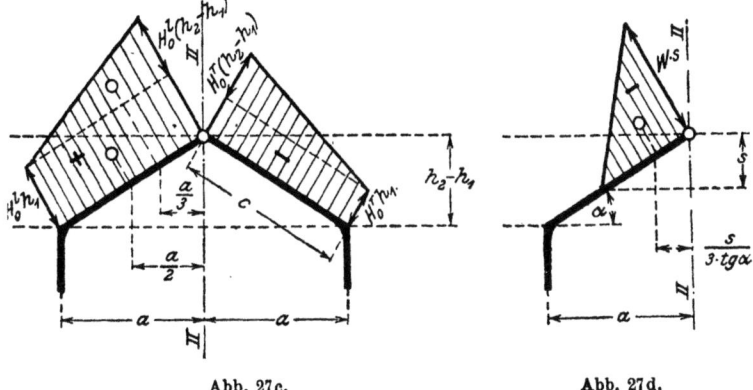

Abb. 27c.   Abb. 27d.

Der Wert für S_{II} berechnet sich nach den Abb. 27c ÷ 27d zu

$$S_{II} = H_o^l h_1 \cdot c \cdot \dfrac{a}{2} + H_o^l (h_2 - h_1) \dfrac{c}{2} \cdot \dfrac{a}{3}$$
$$\quad - H_o^r h_1 c \cdot \dfrac{a}{2} - H_o^r (h_2 - h_1) \cdot \dfrac{c}{2} \cdot \dfrac{a}{3}$$
$$\quad - W \cdot s \cdot \dfrac{s}{2 \sin \alpha} \cdot \dfrac{s}{3 \cdot \operatorname{tg} \alpha}$$

oder

$$S_{II} = (H_o^l - H_o^r) \cdot \dfrac{ac}{6} (2 h_1 + h_2)$$
$$\quad - W \cdot \dfrac{s^3 \, a \, c}{6 (h_2 - h_1)^2}$$

und mit

$$H_o^l - H_o^r = W \cdot \dfrac{h_2 - z}{h_2} = W \cdot \dfrac{s}{h_2}$$

ergibt sich

$$S_{II} = W \cdot \frac{a \cdot c \cdot s}{6 h_2} \left[2 h_1 + h_2 - \frac{s^2 h_2}{(h_2 - h_1)^2} \right].$$

Setzt man diese Werte für S_I und S_{II} in die Formel 19) ein, so erhält man

$$X_r = \frac{- W \cdot \dfrac{a \cdot h_1^3}{3 J_1} \cdot \dfrac{s}{h_2} - W \cdot \dfrac{a \cdot c s}{6 J_2} \cdot \dfrac{h_1}{h_2} \left[2 h_1 + h_2 - \dfrac{s^2 h_2}{(h_2 - h_1)^2} \right]}{\dfrac{2 h_2^2}{F_r} + \dfrac{a^3 h_1^2}{3 h_2 J_1} \left(\dfrac{h_1}{a} + \dfrac{J_1}{J_2 \cos \alpha} \right)}$$

oder

$$X_r = - W \cdot \frac{h_1^2 + \dfrac{c}{2} \cdot \dfrac{J_1}{J_2} \left[2 h_1 + h_2 - \dfrac{s^2 h_2}{(h_2 - h_1)^2} \right]}{\dfrac{6 h_2^3 J_1}{a \cdot h_1 s \cdot F_r} + \dfrac{a^2 h_1}{s} \left(\dfrac{h_1}{a} + \dfrac{J_1}{J_2 \cos \alpha} \right)} \quad \ldots \ 21)$$

12. Wagerechte Belastung durch gleichmäßig verteilte Last W auf die Strecke h_2.

Die Auflagerreaktionen für den in der Abb. 28 gezeichneten Belastungsfall sind

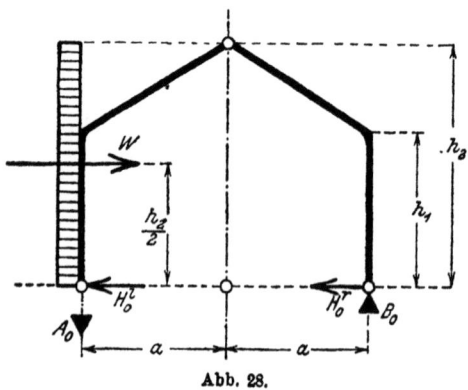

Abb. 28.

$$A_o = B_o = \pm \frac{W \cdot h_2}{4 a};$$

$$H_o^l = \frac{3}{4} W \quad \text{und} \quad H_o^r = \frac{1}{4} W.$$

12. Wagerechte Belastung durch gleichmäßig verteilte Last W usw.

Mit diesen, im statisch bestimmten Grundsystem auftretenden Reaktionen erhält man die in den Abbildungen 28a bis 28e gezeichnete Momentenverteilung.

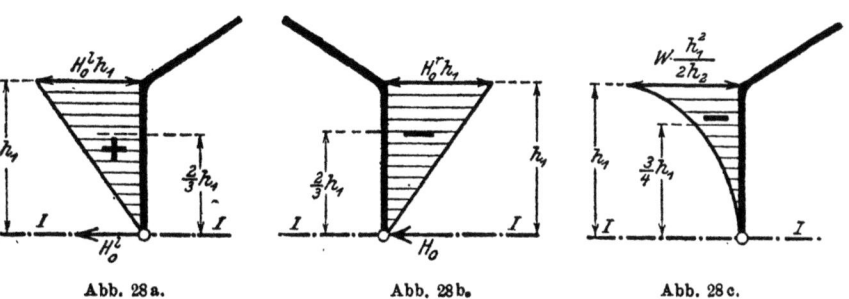

Abb. 28a.   Abb. 28b.   Abb. 28c.

Aus den Abbildungen 28a bis 28c folgt

$$\left.\begin{array}{l} S_I = H_o^l h_1 \dfrac{h_1}{2} \dfrac{2}{3} h_1 \\[4pt] - H_o^r h_1 \dfrac{h_1}{2} \dfrac{2}{3} h_1 \\[4pt] - W \cdot \dfrac{h_1^2}{2 h_2} \cdot \dfrac{1}{3} h_1 \dfrac{3}{4} h_1 \end{array}\right\} = \begin{array}{l} (H_o^l - H_o^r) \dfrac{h_1^3}{3} \\[6pt] - W \cdot \dfrac{h_1^4}{8 h_2} \end{array}$$

oder

$$S_I = W \cdot \frac{h_1^3}{24} \cdot \frac{4 h_2 - 3 h_1}{h_2}.$$

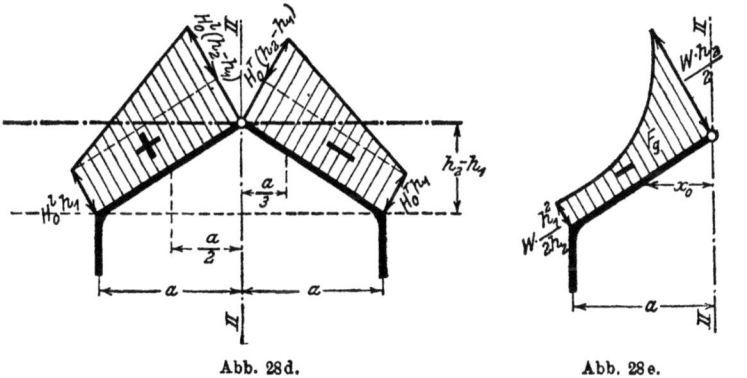

Abb. 28d.   Abb. 28e.

II. Der Dreigelenkrahmen mit Pendelstütze.

Weiter ist

$$S_{II} = H_o{}^l h_1 c \frac{a}{2} + H_o{}^l (h_2 - h_1) \frac{c}{2} \frac{a}{3}$$
$$- H_o{}^r h_1 c \cdot \frac{a}{2} - H_o{}^r (h_2 - h_1) \frac{c}{2} \frac{a}{3}$$
$$- F_q \cdot x_0.$$

Es ist nun

$$F_q = \int M_q \, ds$$

und

$$x_0 = \frac{\int M_q x \cdot ds}{\int M_q \, ds}.$$

Es ist weiter

$$F_q = \frac{W}{6 h_2} \cdot \frac{c}{h_2 - h_1} \cdot (h_2{}^3 - h_1{}^3)$$

und

$$x_0 = \frac{a}{h_2 - h_1} \cdot \left(h_2 - \frac{3}{4} \cdot \frac{h_2{}^4 - h_1{}^4}{h_2{}^3 - h_1{}^3} \right),$$

somit wird

$$F_q \cdot x_0 = \frac{W \cdot a \cdot c}{6 \cdot (h_2 - h_1)^2} \left(\frac{h_2{}^3}{4} - h_1{}^3 + \frac{3}{4} \frac{h_1{}^4}{h_2} \right)$$

mit diesem letzten Ausdruck erhält man

$$S_{II} = \frac{W \cdot a \cdot c}{24 h_2} \frac{h_2{}^3 + 3 h_1{}^3 + h_1 h_2{}^2 - 5 h_1{}^2 h_2}{h_2 - h_1}.$$

Aus der Formel 19) folgt mit den vorstehenden Werten

$$X_r = \left. \frac{-\dfrac{W \cdot a \cdot h_1{}^3}{24 J_1} \cdot \dfrac{4 h_2 - 3 h_1}{h_2} - \dfrac{W \cdot a \cdot c \cdot h_1}{24 \cdot h_2 J_2}}{\dfrac{2 h_2{}^2}{F_r} + \dfrac{a^3 h_1{}^2}{3 h_2 J_1}} \right.$$

$$\frac{\dfrac{h_2{}^3 + 3 h_1{}^3 + h_1 h_2{}^2 - 5 h_1{}^2 h_2}{h_2 - h_1}}{\left(\dfrac{h_1}{a} + \dfrac{J_1}{J_2 \cos \alpha} \right)}$$

12. Wagerechte Belastung durch eine gleichmäßig verteilte Last W usw. 43

oder

$$X_r = -W \cdot \dfrac{h_1{}^2(4h_2 - 3h_1) + c \dfrac{J_1}{J_2}}{\dfrac{\dfrac{48 \cdot h_2{}^3 J_1}{a \cdot h_1 F_r} + 8 \cdot a^2 h_1}{\left(\dfrac{h_1}{a} + \dfrac{J_1}{J_2 \cos \alpha}\right)} \cdot \dfrac{h_2{}^3 + 3 h_1{}^3 + h_1 h_2{}^2 - 5 h_1{}^2 h_2}{h_2 - h_1}} \quad \Bigg\} \quad \ldots \ 22)$$

13. Wagerechte Belastung durch eine gleichmäßig verteilte Last W auf der Strecke h_1.

Dieser Belastungsfall ist in der Abb. 29 im statisch bestimmten Grundsystem dargestellt; die Auflagerreaktionen desselben sind

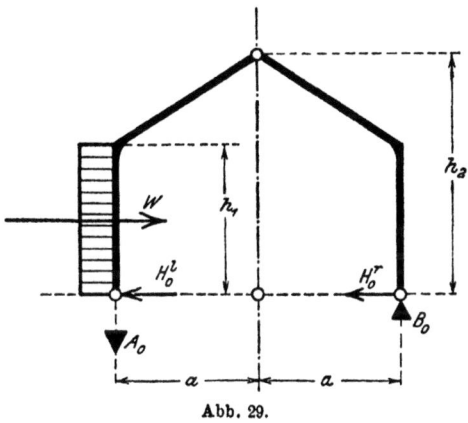

Abb. 29.

$$A_0 = B_0 = \pm \frac{W \cdot h_1}{4a},$$

weiter ist

$$H_0^l = W \cdot \frac{4h_2 - h_1}{4 h_2} \quad \text{und} \quad H_0^r = W \cdot \frac{h_1}{4 h_2}.$$

Der in der weiteren Entwicklung auftretende Wert

$$H_0^l - H_0^r \ \text{ist} = W \cdot \frac{2 h_2 - h_1}{2 h_2}.$$

II. Der Dreigelenkrahmen mit Pendelstütze.

In den Abbildungen 29a bis 29e sind die Momentenflächen des Grundsystems gezeichnet.

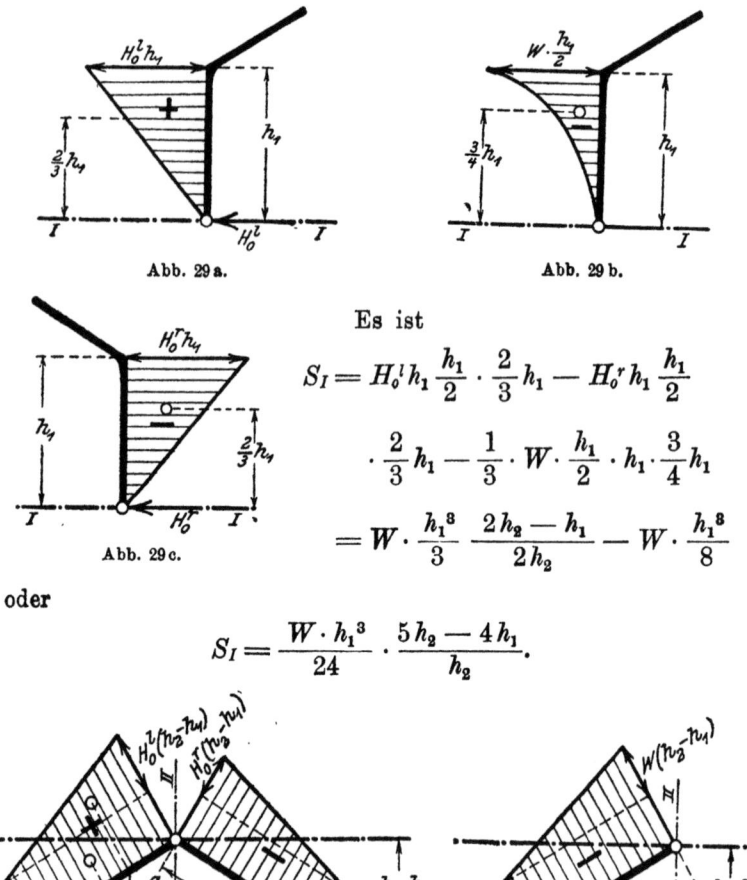

Abb. 29a. Abb. 29b. Abb. 29c.

Es ist

$$S_I = H_0^l h_1 \frac{h_1}{2} \cdot \frac{2}{3} h_1 - H_0^r h_1 \frac{h_1}{2}$$

$$\cdot \frac{2}{3} h_1 - \frac{1}{3} \cdot W \cdot \frac{h_1}{2} \cdot h_1 \cdot \frac{3}{4} h_1$$

$$= W \cdot \frac{h_1^3}{3} \frac{2h_2 - h_1}{2h_2} - W \cdot \frac{h_1^3}{8}$$

oder

$$S_I = \frac{W \cdot h_1^3}{24} \cdot \frac{5h_2 - 4h_1}{h_2}.$$

Abb. 29d. Abb. 29e.

Das statische Moment der Momentenflächen auf die Achse $II \div II$ bezogen ist

13. Wagerechte Belastung durch eine gleichmäßig verteilte Last W usw. 45

$$S_{II} = H_o^l h_1 c \cdot \frac{a}{2} + H_o^l \cdot (h_2 - h_1) \cdot \frac{c}{2} \cdot \frac{a}{3}$$

$$- H_o^r h_1 c \cdot \frac{a}{2} - H_o^r (h_2 - h_1) \cdot \frac{c}{2} \cdot \frac{a}{3}$$

$$- W \cdot \frac{h_1}{2} \cdot c \cdot \frac{a}{2} - W \cdot (h_2 - h_1) \cdot \frac{c}{2} \cdot \frac{a}{3}$$

oder

$$S_{II} = W \cdot \frac{a \cdot c \, h_1}{6 h_2} (h_2 - h_1)$$

Mit diesen Werten für S_I und S_{II} ergibt sich aus Formel 19)

$$X_r = \frac{- W \cdot \dfrac{a h_1^3}{24 J_1} \cdot \dfrac{5 h_2 - 4 h_1}{h_2} - W \cdot \dfrac{a \cdot c h_1^2}{6 h_2 J_2} (h_2 - h_1)}{\dfrac{2 h_2^2}{F_r} + \dfrac{a^3 h_1^2}{3 h_2 J_1} \left(\dfrac{h_1}{a} + \dfrac{J_1}{J_2 \cos \alpha} \right)}$$

oder

$$X_r = - W \cdot \frac{5 h_2 - 4 h_1 + \dfrac{4 c}{h_1} \cdot \dfrac{J_1}{J_2} (h_2 - h_1)}{\dfrac{48 \cdot h_2^3 J_1}{a h_1^3 F_r} + \dfrac{8 a^2}{h_1} \left(\dfrac{h_1}{a} + \dfrac{J_1}{J_2 \cos \alpha} \right)} \quad \cdot \cdot \; 23)$$

Mit den im vorstehenden abgeleiteten Formeln zur Berechnung der Spannkraft X_r in der Pendelstütze unter dem Einflusse wagerechter Lasten wird man die meisten der in der Praxis vorkommenden Aufgaben lösen können. Es ist davon Abstand genommen worden, noch den Belastungszustand zu untersuchen, bei welchem eine gleichmäßig verteilte wagerechte Last auf die Strecke $h_2 - h_1$ wirkt; denn bei den weitaus meisten der neuzeitlichen Hallenbauten wird man die Dachneigung so gering wählen, damit eine Windbelastung auf das Dach nicht mehr in Frage kommt. Sollte das Dach nun doch durch Windkräfte so stark belastet werden, daß der Einfluß dieser untersucht werden muß, so wird man, da die Windübertragung auf die Binder doch meistens zuerst durch die Pfetten erfolgt, diese Windkräfte in Einzellasten, senkrecht und wagerecht, zerlegen und die Kraft in der Pendelstütze nach Formel 21) und mit der Einflußlinie berechnen. In vielen Fällen rechtfertigt sich auch die Annahme von $\delta_r = 0$ und $J_1 = J_2$, wodurch die Rechnung sehr vereinfacht wird.

III. Der Dreigelenkrahmen mit wagerechter Balkenachse und Pendelstütze.

1. Erklärungen.

Die in der Abb. 30 gezeichnete Konstruktion unterscheidet sich von dem in dem vorhergehenden Kapitel behandelten System durch die wagerechte Balkenachse und die verschiedenen Feldweiten.

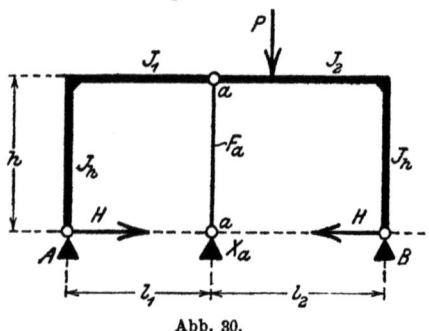

Abb. 30.

Die unbekannte Kraft in der Pendelstütze wird mit X_a bezeichnet und aus der Beziehung

$$X_a = \frac{\Sigma P_m \delta_{ma}}{\delta_a' + \delta_{aa}}$$

berechnet, worin $\Sigma P_m \delta_{ma}$, δ_a' und δ_{aa} die bekannten Bedeutungen haben.

A. Der Einfluß lotrechter Lasten.

2. Die Einflußlinie für X_a.

Unter dem Belastungszustand $\Sigma P = 0$ und $X_a = -1$ entstehen die Auflagerreaktionen im statisch bestimmten Grundsystem, dem Dreigelenkrahmen, wie diese in der Abb. 31 dargestellt sind.

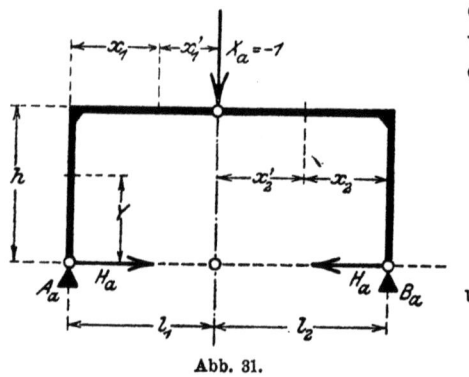

Abb. 31.

Es ist

$$A_a = \frac{l_2}{l_1 + l_2};$$

$$B_a = \frac{l_1}{l_1 + l_2}$$

und

$$H_a = \frac{l_1 l_2}{l_1 + l_2} \cdot \frac{1}{h}.$$

2. Die Einflußlinie für X_a.

Die Biegungsmomente im Dreigelenkrahmen sind für den vorstehenden Belastungszustand

$$M_a = -H_a \cdot y = -\frac{l_1 l_2}{l_1 + l_2} \cdot \frac{y}{h}$$

im linken sowie rechten Ständer, und für die Riegel l_1 und l_2 ist

$$M_{a_1} = A_a \cdot x_1 - H_a \cdot h = \frac{l_2}{l_1 + l_2} \cdot x_1 - \frac{l_1 l_2}{l_1 + l_2}$$

oder

$$M_{a_1} = -\frac{l_2}{l_1 + l_2} x_1'.$$

Ebenso findet man für den Riegel l_2

$$M_{a_2} = -\frac{l_1}{l_1 + l_2} \cdot x_2'.$$

Mit den vorstehenden Werten berechnet sich die Verschiebung

$$\delta_{aa} = \int M_a^2 \frac{ds}{EJ}$$

und wird hier weiter der Einfluß der Normalkräfte vernachlässigt.

Es ist für die Ständer

$$M_a^2 = \frac{l_1^2 l_2^2}{(l_1 + l_2)^2} \cdot \frac{y^2}{h^2}$$

und somit

$$\int M_a^2 \frac{ds}{EJ_h} = \frac{2}{EJ_h} \frac{l_1^2 l_2^2}{h^2 (l_1 + l_2)^2} \cdot \frac{h^3}{3} = \frac{2}{3} \frac{l_1^2 l_2^2 h}{(l_1 + l_2)^2 EJ_h}.$$

Für den linken Riegel ist

$$M_{a_1}^2 = \frac{l_2^2}{(l_1 + l_2)^2} x_1'^2$$

und somit

$$\int_0^{l_1} M_{a_1}^2 \frac{ds}{EJ_1} = \frac{l_2^2}{(l_1 + l_2)^2} \cdot \frac{l_1^3}{3 \cdot EJ_1} = \frac{1}{3 EJ_1} \cdot \frac{l_1^3 l_2^2}{(l_1 + l_2)^2},$$

weiter wird für den rechten Riegel

$$\int_0^{l_2} M_{a_2}^2 \frac{ds}{EJ_2} = \frac{1}{3 EJ_2} \cdot \frac{l_1^2 l_2^3}{(l_1 + l_2)^2}.$$

48 III. Der Dreigelenkrahmen mit wagerechter Balkenachse usw.

Somit ergibt sich

$$\delta_{aa} = \frac{2}{3EJ_h} \cdot \frac{l_1^2 l_2^2 h}{(l_1+l_2)^2} + \frac{1}{3EJ_1} \cdot \frac{l_1^3 l_2^2}{(l_1+l_2)^2} + \frac{1}{3EJ_2} \cdot \frac{l_1^2 l_2^3}{(l_1+l_2)^2}$$

oder

$$\delta_{aa} = \frac{l_1^2 l_2^2}{3EJ_h(l_1+l_2)^2}\left[2h + l_1 \frac{J_h}{J_1} + l_2 \frac{J_h}{J_2}\right] \quad . . . \quad 23)$$

Die δ_{ma}-Linie berechnet sich aus der Beziehung

$$\Sigma P_m \delta_{ma} = \int M_o M_a \frac{ds}{EJ}$$

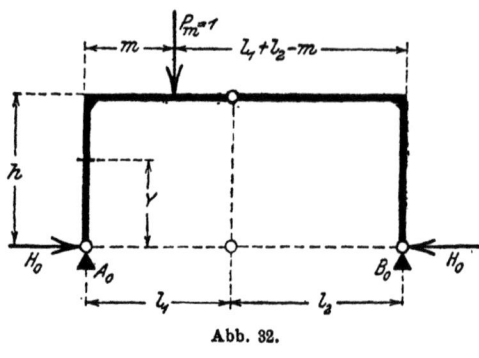

Abb. 32.

und es ist nach der Abb. 32 für den Belastungszustand

$$P_m = 1$$

$$A_o = \frac{l_1 + l_2 - m}{l_1 + l_2}$$

$$B_o = \frac{m}{l_1 + l_2}$$

und

$$H_o = \frac{1}{h} \cdot \frac{m \cdot l_2}{l_1 + l_2}.$$

Es wird nun

a) **für die Ständer**

$$M_o M_a = m \cdot \frac{l_1 l_2^2}{(l_1+l_2)^2} \cdot \frac{y^2}{h^2}$$

und somit

$$\int M_o M_a \frac{ds}{EJ_h} = \frac{2m}{h^2 E J_h} \cdot \frac{l_1 l_2^2}{(l_1+l_2)^2} \cdot \frac{h^3}{3} = \frac{2mh}{3EJ_h} \cdot \frac{l_1 l_2^2}{(l_1+l_2)^2}.$$

b) **Für den linken Riegel** ist

$$M_o = \frac{l_1 + l_2 - m}{l_1 + l_2} \cdot x_1 - \frac{m \cdot l_2}{l_1 + l_2}$$

es war

$$M_{a1} = \frac{l_2}{(l_1+l_2)}(x_1 - l_1)$$

2. Die Einflußlinie für X_a.

und somit wird

$$M_o M_a = \frac{l_2}{(l_1+l_2)^2}[x_1{}^2(l_1+l_2-m) - x_1(m \cdot l_2 \\ + l_1{}^2 + l_1 l_2 - l_1 m) + m l_1 l_2]$$

und es ist

$$\int_0^m M_o M_{a_1} \frac{dx_1}{EJ_1} = -\frac{m^4}{EJ_1} \cdot \frac{l_2}{3(l_1+l_2)^2}$$
$$+ \frac{m^3}{EJ_1} \cdot \frac{l_2(5l_1-l_2)}{6(l_1+l_2)^2}$$
$$- \frac{m^2}{EJ_1} \cdot \frac{l_2(l_1{}^2 - l_1 l_2)}{2(l_1+l_2)^2}.$$

Für einen Querschnitt in den Grenzen $x_1 = m \div l_1$ ist

$$M_o = \frac{l_1+l_2-m}{l_1+l_2} \cdot x_1 - x_1 + m - \frac{m l_2}{l_1+l_2} = \frac{m}{l_1+l_2}(l_1-x_1)$$

und es wird

$$M_o M_{a_1} = \frac{m l_2}{(l_1+l_2)^2}(l_1-x_1)(x_1-l_1)$$
$$= -\frac{m l_2}{(l_1+l_2)^2}(l_1{}^2 - 2l_1 x_1 + x_1{}^2),$$

dann ist

$$\int_m^{l_1} M_o M_{a_1} \frac{dx_1}{EJ_1} = -\frac{m l_2}{(l_1+l_2)^2}\left[l_1{}^2 \int_m^{l_1} \frac{dx_1}{EJ_1} - 2l_1 \int_m^{l_1} x_1 \frac{dx_1}{EJ_1} \right.$$
$$\left. + \int_m^{l_1} x_1{}^2 \frac{dx_1}{EJ_1}\right] = + \frac{m^4}{EJ_1} \cdot \frac{l_2}{3(l_1+l_2)^2}$$
$$- \frac{m^3}{EJ_1} \cdot \frac{l_1 l_2}{(l_1+l_2)^2}$$
$$+ \frac{m^2}{EJ_1} \cdot \frac{l_1{}^2 l_2}{(l_1+l_2)^2}$$
$$- \frac{m}{EJ_1} \cdot \frac{l_1{}^3 l_2}{3(l_1+l_2)^2}.$$

Glaser, Berechnung.

50 III. Der Dreigelenkrahmen mit wagerechter Balkenachse usw.

Der Einfluß des linken Riegels ist

$$\int_0^{l_1} M_o M_{a_1} \frac{dx_1}{EJ_1} = -\frac{m^3}{EJ_1} \cdot \frac{l_2}{6(l_1+l_2)} + \frac{m^2}{EJ_1} \cdot \frac{l_1 l_2}{2(l_1+l_2)}$$
$$-\frac{m}{EJ_1} \frac{l_1^3 l_2}{3(l_1+l_2)^2}.$$

c) Für den rechten Riegel ist

$$M_o = \frac{m}{l_1+l_2} x_2 - \frac{m l_2}{l_1+l_2} = \frac{m}{l_1+l_2} \cdot (x_2 - l_2)$$

und mit

$$M_{a_2} = \frac{l_1}{l_1+l_2} \cdot (x_2 - l_2)$$

wird

$$M_o M_{a_2} = \frac{m \cdot l_1}{(l_1+l_2)^2} (x_2 - l_2)^2.$$

Weiter ist

$$\int_0^{l_2} M_o M_{a_2} \frac{dx_2}{EJ_2} = \frac{m \cdot l_1 l_2^3}{3(l_1+l_2)^2 \cdot EJ_2}.$$

Die Zusammenstellung dieser einzelnen Werte ergibt nun die Gleichung zur Berechnung der δ_{ma}-Linie für das Feld l_1. Bezeichnet man noch ordnungsgemäß für l_1 die Abszissen mit m_1 und für das Feld l_2 diese mit m_2, so erhält man

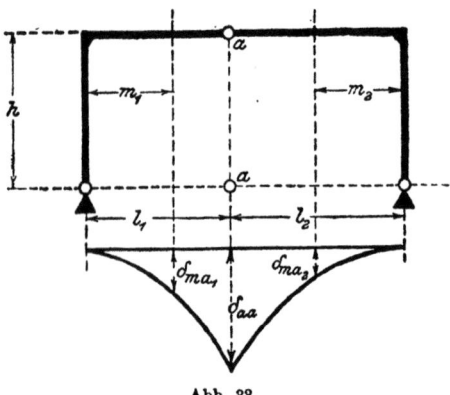

Abb. 33.

2. Die Einflußlinie für X_a.

$$E \cdot \delta_{m_1 a} = m \left[\frac{l_1 l_2}{3(l_1+l_2)^2} \left(\frac{2 h l_2}{J_h} - \frac{l_1^2}{J_1} + \frac{l_2^2}{J_2} \right) \right]$$
$$+ m^2 \frac{l_1 l_2}{2(l_1+l_2) J_1}$$
$$- m^3 \frac{l_2}{6(l_1+l_2) J_1} \quad \Biggr\} \quad . \ 24)$$

Analog findet man für das Feld l_2

$$E \cdot \delta_{m_2 a} = m \left[\frac{l_1 l_2}{3(l_1+l_2)^2} \left(\frac{2 h l_2}{J_h} - \frac{l_2^2}{J_2} + \frac{l_1^2}{J_1} \right) \right]$$
$$+ m^2 \frac{l_1 l_2}{2(l_1+l_2) J_2}$$
$$- m^3 \frac{l_1}{6(l_1+l_2) J_2} \quad \Biggr\} \quad . \ 25)$$

Die Einflußlinie für die Spannkraft X_a ergibt sich aus der Beziehung

$$X_a = \frac{\Sigma P_m \delta_{ma}}{\delta'_a + \delta_{aa}}$$

und es gilt für die Ordinaten der Linie die Gleichung:

im Felde l_1

$$\eta_1 = \frac{\delta_{m 1 a}}{\delta'_a + \delta_{aa}} \quad \ldots \ldots \ 26)$$

und im Felde l_2

$$\eta_2 = \frac{\delta_{m 2 a}}{\delta'_a + \delta_{aa}} \quad \ldots \ldots \ 27)$$

Die Inhalte der von der δ_{ma}-Linie begrenzten Flächen berechnen sich mit

$$F_1 = \int_0^{l_1} \delta_{m_1 a} \cdot d m_1 \quad \text{und} \quad F_2 = \int_0^{l_2} \delta_{m_2 a} \cdot d m_2.$$

Es ist

$$F_1 = \frac{l_1^3 l_2}{24 (l_1+l_2)^2 E J_1} \left[8 h l_2 \frac{J_1}{J_h} - l_1^2 + 4 l_2^2 \frac{J_1}{J_2} + 3 l_1 l_2 \right] \quad . \ 28)$$

und

$$F_2 = \frac{l_1 l_2^3}{24 (l_1+l_2)^2 E J_2} \left[8 h l_2 \frac{J_2}{J_h} - l_2^2 + 4 l_1^2 \frac{J_2}{J_1} + 3 l_1 l_2 \right] \quad . \ 29)$$

52 III. Der Dreigelenkrahmen mit wagerechter Balkenachse usw.

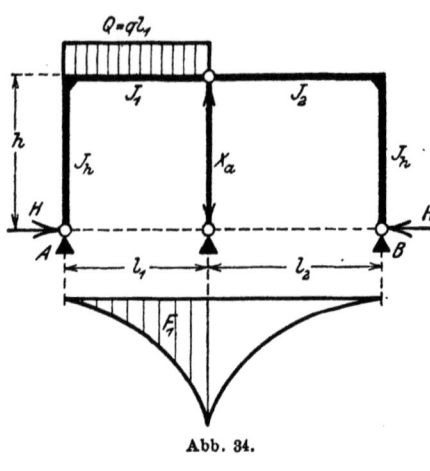

Abb. 34.

3. Belastung durch eine gleichmäßig verteilte Last Q auf die Strecke l_1.

Für den in der Abb. 34 gezeichneten Belastungszustand ist

$$X_a = \frac{q \cdot F_1}{\delta'_a + \delta_{aa}}.$$

Mit $\delta'_a = \dfrac{h}{E F_a}$ und den Werten aus Formel 23) und 28) erhält man

$$X_a = q \cdot \frac{8 h l_2 \dfrac{J_1}{J_h} - l_1^2 + 4 l_2^2 \dfrac{J_1}{J_2} + 3 l_1 l_2}{\dfrac{24 h \cdot (l_1 + l_2)^2 J_1}{F_a \cdot l_1^3 l_2} + 8 \dfrac{l_2}{l_1} \left(2 h \dfrac{J_1}{J_h} + l_1 + l_2 \dfrac{J_1}{J_2}\right)} \qquad . \ 30)$$

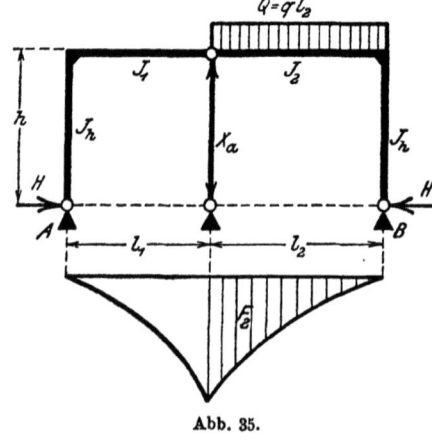

Abb. 35.

4. Belastung durch eine gleichmäßig verteilte Last Q auf die Strecke l_2.

Es wird für den in der Abb. 35 dargestellten Belastungsfall

$$X_a = \frac{q \cdot F_2}{\delta'_a + \delta_{aa}}.$$

Setzt man die Werte aus den Formeln 23) und 29) in diese Gleichung ein, so wird

$$X_a = q \cdot \frac{8 h l_2 \dfrac{J_2}{J_h} - l_2^2 + 4 l_1^2 \dfrac{J_2}{J_1} + 3 l_1 l_2}{\dfrac{24 \cdot h \cdot (l_1 + l_2)^2 J_2}{F_a l_2^3 l_1} + 8 \dfrac{l_1}{l_2} \left(2 h \cdot \dfrac{J_2}{J_h} + l_1 \dfrac{J_2}{J_1} + l_2\right)} \qquad . \ 31)$$

5. Vollbelastung durch eine gleichmäßig verteilte Last Q.

Wird das System auf die Länge (l_1+l_2) durch $q \cdot (l_1+l_2) = Q$ belastet, so berechnet man die Spannkraft X_a zweckmäßig aus den Formeln 30) und 31).

Macht man bei Entwurfsberechnungen die vorläufige Annahme, daß $J_1 = J_2 = J_h$ und $\delta'_a = 0$, so erhält man für Vollbelastung zur Berechnung von X_a die Gleichung

$$X_a = \frac{q \cdot l_1 l_2}{8(2h + l_1 + l_2)} \left[\frac{8h l_2 - l_2^2 + 4 l_1^2 + 3 l_1 l_2}{l_1^2} \right.$$
$$\left. + \frac{8h l_2 - l_1^2 + 4 l_2^2 + 3 l_1 l_2}{l_2^2} \right]$$

und für den Fall, daß $l_1 = l_2 = l$ wird, ist

$$X_a = \frac{Q}{8} \cdot \frac{4h + 3l}{h + l},$$

worin $Q = 2l \cdot q$ ist.

Für andere lotrechte Belastungen als wie unter 3., 4. und 5. angegeben, benutzt man am besten die Einflußlinien, deren wichtigsten im folgenden abgeleitet werden sollen.

6. Die A-Linie.

Im statisch bestimmten Grundsystem, dem Dreigelenkrahmen, stimmt die A_0-Linie mit der des einfachen Balkens von der Stützweite $l_1 + l_2$ überein, und es ist somit

$$A = A_0 - A_a \cdot X_a = A_0 - \frac{l_2}{l_1 + l_2} X_a$$

oder $\qquad A = \frac{l_2}{l_1 + l_2} \left(\frac{l_1 + l_2}{l_2} A_0 - X_a \right) \quad \ldots \quad 32)$

Nach Formel 32) erhält man die A-Linie, indem man die X_a-Linie von der $\frac{l_1 + l_2}{l_2} \cdot A_0$-Linie subtrahiert. Der Multiplikator der A-Linie ist

$$\mu = \frac{l_2}{l_1 + l_2}.$$

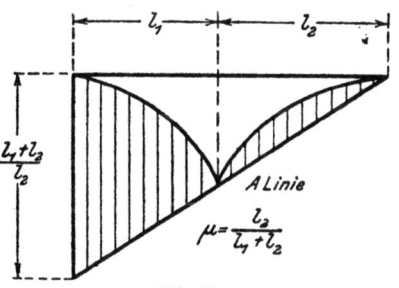

Abb. 36.

7. Die Einflußlinie für den Horizontalschub H.

Der Horizontalschub H in dem Dreigelenkrahmen mit Pendelstütze berechnet sich aus

$$H = H_o - H_a \cdot X_a = H_o - \frac{l_1 l_2}{l_1 + l_2} \cdot \frac{1}{h} \cdot X_a$$

oder

$$H = \frac{1}{h} \cdot \frac{l_1 \cdot l_2}{l_1 + l_2} \left[\frac{h \cdot (l_1 + l_2)}{l_1 l_2} \cdot H_o - X_a \right] \quad \ldots \quad 33)$$

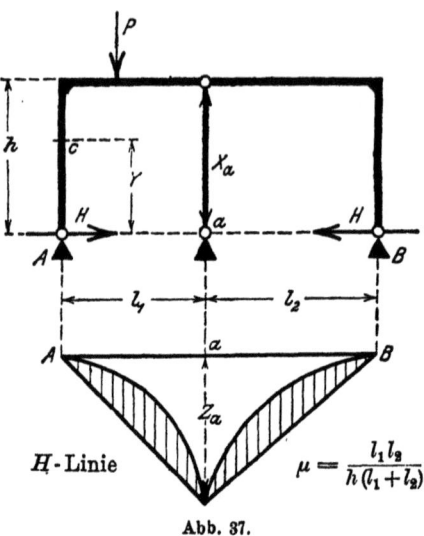

Abb. 37.

Aus der Formel 33) folgt die Konstruktion der Einflußlinie für H; man subtrahiert die X_a-Linie von der $\frac{h \cdot (l_1 + l_2)}{l_1 l_2} \cdot H_o$-Linie.

Der Multiplikator ist
$$\mu = \frac{l_1 l_2}{h(l_1 + l_2)}.$$

Auf der Abszissenachse trägt man im Punkte a die Ordinate

$$z_a = \frac{h \cdot (l_1 + l_2)}{l_1 \cdot l_2} \cdot H_o$$
$$= \frac{h \cdot (l_1 + l_2)}{l_1 l_2} \cdot \frac{l_1 l_2}{(l_1 + l_2)}$$
$$\cdot \frac{1}{h} = 1$$

auf, verbindet den Endpunkt derselben mit A und B durch gerade Linien und subtrahiert von dieser Linie die X_a-Linie. Diese Konstruktion ist in der Abb. 37 dargestellt.

8. Die Einflußlinie für das Moment M_c im Ständer.

In einem Querschnitt c im Ständer in der Entfernung y vom Gelenkpunkte aus ist das Moment

$$M_c = -H \cdot y$$

Die M_c-Linie ist somit eine H-Linie mit dem Multiplikator $\mu = -y$.

9. Die Einflußlinie für das Moment M_m im Riegel.

Für einen Querschnitt m_1 im Riegel des Feldes l_1 ist das Moment
$$M_{m_1} = M_{o\,m_1} - M_{a_1} X_a.$$
Das Moment $M_{o\,m_1}$ im Dreigelenkrahmen ist gleich
$$M_{o\,m_1} = M_o - H_o h$$
und weiter war
$$M_{a_1} = -\frac{l_2}{l_1 + l_2} \cdot x'_1.$$

Somit ist
$$\left.\begin{aligned}M_{m_1} = M_o - H_o h \\ + \frac{l_2}{l_1 + l_2} x'_1 X_a\end{aligned}\right\}$$

oder

$$M_{m_1} = \frac{x'_1 l_2}{l_1 + l_2} \left[\frac{l_1 + l_2}{x'_1 l_2} M_o \right. \\ \left. - \frac{(l_1 + l_2)h}{x'_1 l_2} H_o + X_a\right] \quad 34)$$

Die Konstruktion der Einflußlinie für das Moment M_{m_1} im Riegel geht aus der Formel 34) hervor.

Man subtrahiert von der
$$\frac{l_1 + l_2}{x'_1 l_2} \cdot M_o\text{-Linie}$$
die
$$\frac{(l_1 + l_2)h}{x'_1 l_2} \cdot H_o\text{-Linie}$$
und addiert zu der so erhaltenen Differenz die X_a-Linie. Der Multiplikator ist
$$\mu = \frac{x'_1 l_2}{l_1 + l_2}.$$

In ganz ähnlicher Weise erhält man die Einflußlinien für das Feld l_2. Die Konstruktion

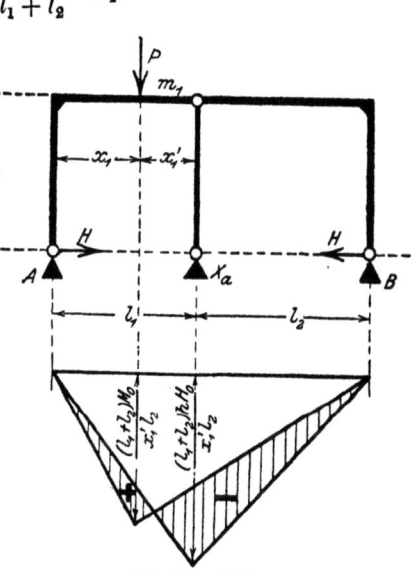

Abb. 38 und 38a.

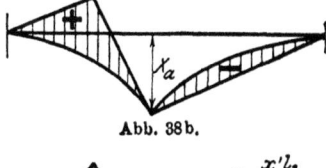

Abb. 38b.

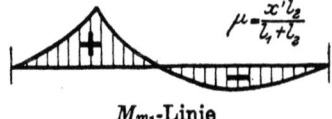

M_{m_1}-Linie

Abb. 38c.

56 III. Der Dreigelenkrahmen mit wagerechter Balkenachse usw.

der M_{m_1}-Linie ist in den Abbildungen 38ª ÷ 38 c dargestellt. Bei der praktischen Anwendung wird man in dem Faktor $\dfrac{l_1 + l_2}{x'_1 l_2} \cdot h$ an Stelle von h die Werte h^o oder h^u, welche sich auf die Kernpunkte beziehen, setzen.

B. Der Einfluß wagerechter Lasten.
10. Wagerecht wirkende Einzellast W am Ständer.

Für den Einfluß wagerechter Kräfte sollen im folgenden die Endwerte für X_a berechnet werden. Es ist

$$X_a = \frac{\int M_0 M_a \dfrac{ds}{EJ}}{\delta'_a + \delta_{aa}}.$$

Für den Ständer war

$$M_a = -\frac{l_1 l_2}{l_1 + l_2} \cdot \frac{y}{h}$$

und für die Riegel

$$M_{a_1} = -\frac{l_2}{l_1 + l_2} \cdot x'_1$$

und

$$M_{a_2} = -\frac{l_1}{l_1 + l_2} \cdot x'_2$$

somit wird

$$X_a = \left. \begin{array}{c} \dfrac{-\dfrac{l_1 l_2}{l_1 + l_2} \cdot \dfrac{1}{h}\displaystyle\int_0^h M_0 y \dfrac{dy}{EJ_h} - \dfrac{l_2}{l_1 + l_2}\displaystyle\int_0^{l_1} M_0 x'_1 \dfrac{dx'_1}{EJ_1}}{\dfrac{h}{EF_a} + \dfrac{l_1^2 l_2^2}{3 E J_h (l_1 + l_2)^2}} \\[2em] \dfrac{-\dfrac{l_1}{l_1 + l_2}\displaystyle\int_0^{l_2} M_0 x'_2 \dfrac{dx'_2}{EJ_2}}{\left[2h + l_1 \dfrac{J_h}{J_1} + l_2 \dfrac{J_h}{J_2}\right.} \end{array} \right\}$$

10. Wagerecht wirkende Einzellast W am Ständer.

oder

$$X_a = \frac{-\dfrac{l_1 l_2}{h} \Sigma \dfrac{S_I}{J_h} - l_2 \Sigma \dfrac{S_{II}}{J_1} - l_1 \Sigma \dfrac{S_{II}}{J_2}}{\dfrac{h \cdot (l_1 + l_2)}{F_a} + \dfrac{l_1{}^2 l_2{}^2}{(l_1 + l_2)} \cdot \dfrac{1}{3 J_h} \left[2h + l_1 \dfrac{J_h}{J_1} + l_2 \dfrac{J_h}{J_2} \right]} \cdot \quad 35)$$

In der Formel 35) bedeuten S_I und S_{II} die statischen Momente der Momentenflächen, bezogen auf die Achsen $I \div I$ und $II \div II$ der Abb. 39.

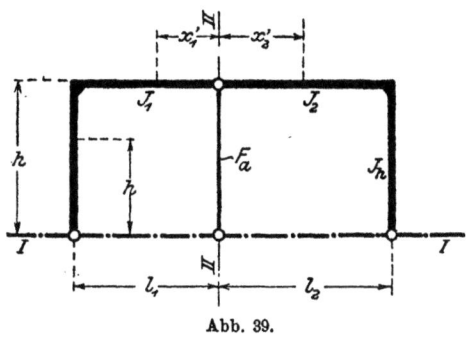

Abb. 39.

Für den in der Abb. 40 dargestellten Belastungsfall ist

$$A_o = B_o = \pm \frac{W \cdot z}{l_1 + l_2};$$

$$H_o{}^l = W \cdot \frac{h(l_1 + l_2) - z \cdot l_2}{h(l_1 + l_2)}$$

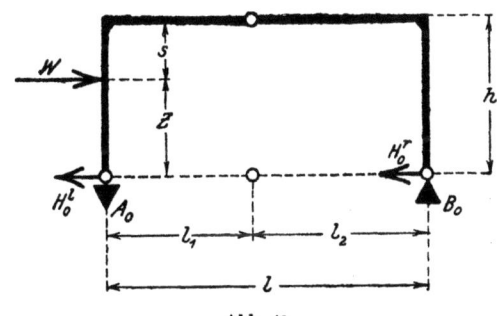

Abb. 40.

und
$$H_o^r = W \cdot \frac{z \cdot l_2}{h(l_1 + l_2)}.$$

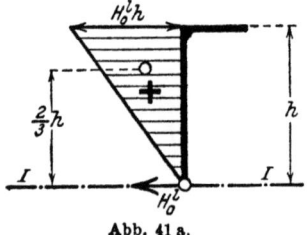

Abb. 41a.

Weiter ist
$$H_o^l - H_o^r = W \cdot \frac{h(l_1 + l_2) - 2z \cdot l_2}{h(l_1 + l_2)}$$

Die aus dem vorstehendem Belastungsfall sich ergebenden Momentenflächen sind in den Abbildungen 41 ÷ 41^f gezeichnet.

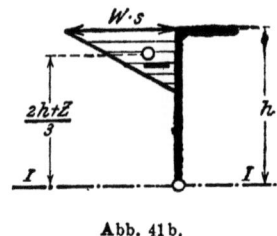

Abb. 41b.

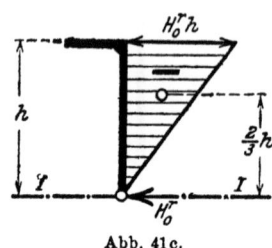

Abb. 41c.

Hiernach ist
$$\left.\begin{aligned}S_I &= H_o^l h \cdot \frac{h}{2} \cdot \frac{2}{3} h \\ &- H_o^r h \cdot \frac{h}{2} \cdot \frac{2}{3} h \\ &- W \cdot s \cdot \frac{s}{2} \cdot \frac{2h+z}{3}\end{aligned}\right\} = \begin{aligned}(H_o^l - H_o^r) \cdot \frac{h^3}{3} \\ - W \cdot \frac{s^2}{2} \cdot \frac{2h+z}{3}\end{aligned}$$

und mit $l_1 + l_2 = l$ wird
$$S_I = W \cdot \left[\frac{h^2}{3} \cdot \frac{hl - 2z \cdot l_2}{l} - \frac{2h+z}{6} \cdot s^2\right]$$

Weiter wird nach den Abbildungen 41^d ÷ 41^f für die Achsen $II \div II$.
$$S_{II_1} = H_o^l h \cdot \frac{l_1^2}{2} - W s \frac{l_1^2}{2} = W \frac{l_1^2}{2} \left(\frac{hl - zl_2}{l} - s\right)$$

10. Wagerecht wirkende Einzellast W am Ständer.

Für das Feld l_2 ist

$$S_{II_2} = -H_0^r h \cdot \frac{l_2^2}{2} = -W \cdot \frac{z \cdot l_2^3}{2 \cdot (l_1 + l_2)}$$

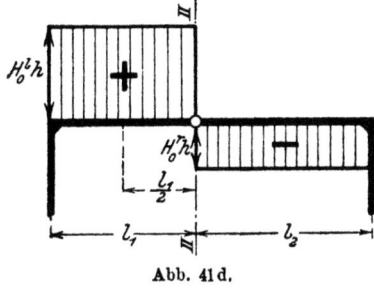

Abb. 41 d.

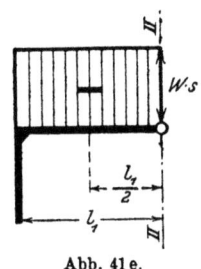

Abb. 41 e.

Die Auflagerreaktionen A_o und B_o vergrößern die Werte S_{II} um

$$-A_o l_1 \cdot \frac{l_1}{2} \cdot \frac{l_1}{3} = -\frac{l_1^3}{6} \cdot \frac{W \cdot z}{l}$$

und

$$+\frac{l_2^3}{6} \cdot \frac{W \cdot z}{l}.$$

Somit wird im Feld l_1

$$S_{II_1} = W \cdot \frac{l_1^2}{2} \left[\frac{hl - z \cdot l_2}{l} - s - \frac{l_1 z}{3l} \right]$$

und im Feld l_2

$$S_{II_2} = -W \cdot \frac{l_2^3 z}{3l}.$$

Abb. 41 f.

Setzt man nun diese Werte für S_I und S_{II} in die Gleichung 35) ein, so wird

$$X_a = \frac{-\dfrac{l_1 l_2}{h} \cdot \dfrac{W}{J_h} \left(\dfrac{h^2}{3} \dfrac{hl - 2l_2 z}{l} - \dfrac{2h + z}{6} s^2 \right) + \dfrac{l_1}{J_2} \cdot W \dfrac{l_2^3 z}{3l}}{\dfrac{hl}{F_a} + \dfrac{l_1^2 l_2^2}{l} \cdot \dfrac{1}{3 J_h} \left(2h + l_1 \dfrac{J_h}{J_1} + l_2 \dfrac{J_h}{J_2} \right)}$$

$$- \frac{\dfrac{l_2}{J_1} \cdot \dfrac{W \cdot l_1^2}{2} \left(\dfrac{hl - z l_2}{l} - s - \dfrac{l_1 z}{3l} \right)}{\dfrac{hl}{F_a} + \dfrac{l_1^2 l_2^2}{l} \cdot \dfrac{1}{3 J_h} \left(2h + l_1 \dfrac{J_h}{J_1} + l_2 \dfrac{J_h}{J_2} \right)}.$$

60 III. Der Dreigelenkrahmen mit wagerechter Balkenachse usw.

oder

$$X_a = -W \cdot \left. \begin{array}{c} \dfrac{\left[\dfrac{h^2}{3}\dfrac{hl-2l_2z}{l} - \dfrac{2h+z}{6}\cdot s^2\right] + \dfrac{l_1 h}{2}\cdot\dfrac{J_h}{J_1}}{\dfrac{h^2 l}{l_1 l_2}\cdot\dfrac{J_h}{F_a} + \dfrac{l_1 l_2 \cdot h}{3 l}} \\[2em] \dfrac{\left[\dfrac{hl-l_2z}{l} - s - \dfrac{l_1 z}{3l}\right] - \dfrac{l_2{}^2 hz}{3l}\cdot\dfrac{J_h}{J_2}}{\left[2h + l_1\dfrac{J_h}{J_1} + l_2\dfrac{J_h}{J_2}\right]} \end{array} \right\} \cdot \quad 36)$$

11. Wagerechte Belastung durch gleichmäßig verteilte Last W am Ständer auf die Strecke h.

Dieser Belastungsfall ist in der Abb. 42 gezeichnet.

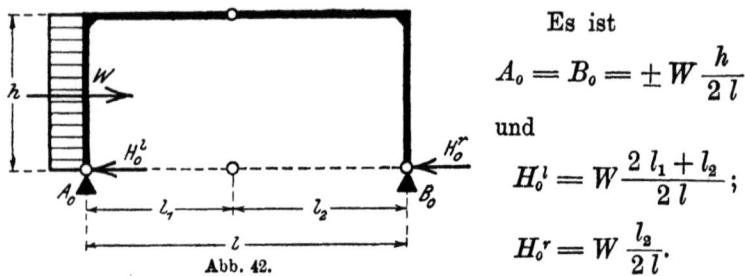

Abb. 42.

Es ist

$$A_o = B_o = \pm W \frac{h}{2l}$$

und

$$H_o{}^l = W \frac{2l_1 + l_2}{2l};$$

$$H_o{}^r = W \frac{l_2}{2l}.$$

Weiter ist

$$H_o{}^l - H_o{}^r = W \cdot \frac{l_1}{l}.$$

In den Abbildungen $42^a \div 42^f$ sind die Momentenflächen des statisch bestimmten Grundsystems für diesen Belastungsfall gezeichnet.

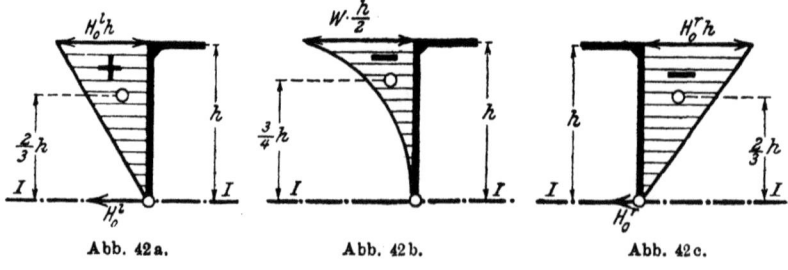

Abb. 42a.   Abb. 42b.   Abb. 42c.

11. Wagerechte Belastung durch gleichmäßig verteilte Last W usw. 61

Für die Achse $I \div I$ berechnet sich

$$\left.\begin{array}{r} S_I = H_o{}^l \, h \cdot \dfrac{h}{2} \cdot \dfrac{2}{3} h \\[4pt] - H_o{}^r \, h \cdot \dfrac{h}{2} \cdot \dfrac{2}{3} h \\[4pt] - W \cdot \dfrac{h}{2} \dfrac{h}{3} \cdot \dfrac{3}{4} h \end{array}\right\} = (H_o{}^l - H_o{}^r) \dfrac{h^3}{3} - W \cdot \dfrac{h^3}{8}$$

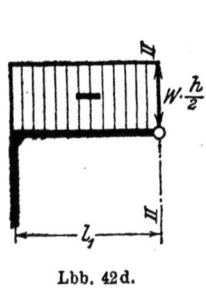

Lbb. 42d.

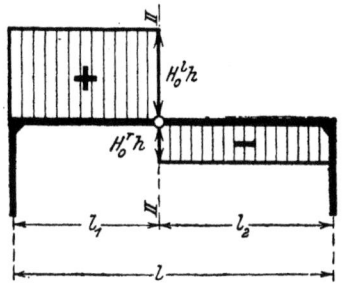

Abb. 42e.

oder

$$S_I = \dfrac{W h^3}{24} \cdot \dfrac{5 l_1 - 3 l_2}{l}.$$

Für die Achse $II \div II$ wird im Feld l_1

Abb. 42f.

$$S_{II_1} = H_o{}^l \, h l_1 \dfrac{l_1}{2} - W \dfrac{h}{2} l_1 \dfrac{l_1}{2} - W \dfrac{h l_1}{2 l} \cdot \dfrac{l_1}{2} \cdot \dfrac{l_1}{3}$$

$$= W \dfrac{2 l_1 + l_2}{2 l} \cdot \dfrac{h l_1{}^2}{2} - W \cdot \dfrac{h l_1{}^2}{4} - W \cdot \dfrac{h l_1{}^3}{12 l}$$

oder

$$S_{II_1} = W \cdot \dfrac{h l_1{}^3}{6 l}.$$

Im Feld l_2 wird

$$S_{II_2} = - H_o^r \, h \cdot l_2 \frac{l_2}{2} + W \cdot \frac{h l_2}{2 l} \cdot \frac{l_2}{2} \cdot \frac{l_2}{3}$$

$$= - W \cdot \frac{l_2}{2 l} \cdot \frac{h \cdot l_2{}^2}{2} + W \frac{h l_2{}^3}{12 \, l}$$

oder

$$S_{II_2} = - W \cdot \frac{h l_2{}^3}{6 \, l}.$$

Setzt man nun diese Werte von S_I und S_{II} in die Gleichung 35) ein, so erhält man zur Berechnung von X_a den Ausdruck

$$X_a = \frac{- \dfrac{l_1 l_2}{h} \cdot \dfrac{W \cdot h^3}{24} \cdot \dfrac{5 \, l_1 - 3 \, l_2}{l \cdot J_h} - l_2 \dfrac{W \cdot h l_1{}^3}{6 \, l J_1} + l_1 \dfrac{W \cdot h l_2{}^3}{6 \, l J_2}}{\dfrac{h l}{F_a} + \dfrac{l_1{}^2 l_2{}^2}{l} \dfrac{1}{3 \, J_k} \left(2 \, h + l_1 \dfrac{J_h}{J_1} + l_2 \dfrac{J_h}{J_2} \right)}$$

oder

$$X_a = - W \cdot \frac{\dfrac{h}{4}(5 \, l_1 - 3 \, l_2) + l_1{}^2 \cdot \dfrac{J_h}{J_1} - l_2{}^2 \cdot \dfrac{J_h}{J_2}}{\dfrac{6 \cdot l^2 J_h}{F_a \, l_1 \, l_2} + \dfrac{2 \cdot l_1 \, l_2}{h} \left(2 \, h + l_1 \dfrac{J_h}{J_1} + l_2 \dfrac{J_h}{J_2} \right)} \quad . \; . \; 37)$$

Mit Kenntnis der Einflußlinien und der Bestimmungsgleichungen von X_a zu den beiden letzten Belastungsfällen kann man das vorliegende System genau genug berechnen.

IV. Der Zweigelenkrahmen mit Pendelstütze.

1. Erklärungen.

Beseitigt man bei dem im vorhergehenden Abschnitt behandelten System das Scheitelgelenk, so entsteht der in Abb. 43 gezeichnete Zweigelenkrahmen mit Pendelstütze. Das System ist zweifach statisch unbestimmt, und es werden als unbekannte Kräfte der Horizontalschub X_a und die Spannkraft in der Pendelstütze, welche mit X_b bezeichnet wird, angesehen. Bei der Untersuchung der Konstruktion werden noch die folgenden besonderen Annahmen festgelegt.

1. Erklärungen.

Die Trägheitsmomente der Ständer sind einander gleich J_1 und konstant; das Trägheitsmoment des Riegels ist konstant und wird mit J_2 bezeichnet. Die Kämpfergelenke sind unverschieblich gedacht, und die Verkürzung der Pendelstütze wird gleich Null gesetzt.

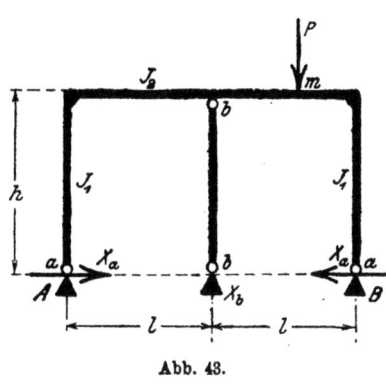

Abb. 43.

Mit diesen Annahmen erhält man aus den allgemeinen Elastizitätsgleichungen die Beziehungen

$$0 = \Sigma P_m \cdot \delta_{ma} - X_a \cdot \delta_{aa} - X_b \cdot \delta_{ab}$$

und

$$0 = \Sigma P_m \cdot \delta_{mb} - X_a \cdot \delta_{ba} - X_b \cdot \delta_{bb}.$$

Die Auflösung dieser Gleichungen nach den beiden Unbekannten ergibt

$$X_a = \frac{\delta_{bb} \cdot \Sigma P_m \cdot \delta_{ma} - \delta_{ab} \Sigma P_m \delta_{mb}}{\delta_{aa} \cdot \delta_{bb} - \delta_{ab}^2} \quad \ldots \ldots 38)$$

und

$$X_b = \frac{\delta_{aa} \cdot \Sigma P_m \delta_{mb} - \delta_{ab} \Sigma P_m \cdot \delta_{ma}}{\delta_{aa} \cdot \delta_{bb} - \delta_{ab}^2} \quad \ldots \ldots 39)$$

denn es ist nach bekannten Gesetzen $\delta_{ab} = \delta_{ba}$.

In den beiden Bestimmungsgleichungen 38) und 39) haben die Beziehungen δ_{aa}, δ_{bb} und δ_{ab} die bekannten Bedeutungen und beziehen sich immer nur auf Belastungszustände in dem statisch bestimmten Grundsystem. So bedeutet zum Beispiel δ_{ab} die Verschiebung des Punktes a im statisch bestimmten Grundsystem, wenn im Punkte b die Kraft $X_b = -1$ als Belastung wirkt und alle anderen äußeren Kräfte (X_a; ΣP) gleich Null sind. Bei den mit zwei Beizahlen versehenen Verschiebungen δ bezieht sich die erste Zahl immer auf den Ort der Verschiebung und die zweite Beizahl immer auf die Ursache der Verschiebung.

Diese von den äußeren Belastungen unabhängigen Verschiebungen sollen nun im folgenden zuerst berechnet werden.

A. Die Verschiebungen δ_{aa}; δ_{bb} und δ_{ab}.

2. Die Verschiebung δ_{aa}.

Als Grundsystem wird der einfache, in den Punkten A und B gestützte Balken eingeführt. Nach der Abb. 43 ist bei dem Belastungszustand $\Sigma P = 0$; $X_b = 0$ und $X_a = -1$ das Biegungsmoment im Ständer gleich

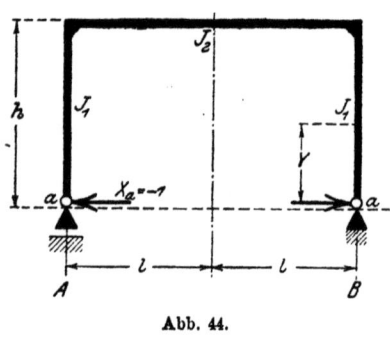

Abb. 44.

$$M_a = y \text{ und } M_a^2 = y^2.$$

Es war nach bekannten Beziehungen

$$\delta_{aa} = \int M_a^2 \frac{ds}{EJ} + \int N_a^2 \frac{ds}{EF}$$

und soll im folgenden wieder der geringfügige Einfluß der Normalkräfte N_a vernachlässigt werden. Für den vorliegenden Fall wird somit

$$\delta_{aa} = \frac{1}{EJ} \int y^2 \, ds.$$

Der Ausdruck $\int y^2 ds$ stellt nun das statische Moment der aus dem Belastungszustand $X_a = -1$ sich ergebenden Momentenflächen, bezogen auf die Achse $I \div I$ dar. Nach der Abb. 45 erhält man

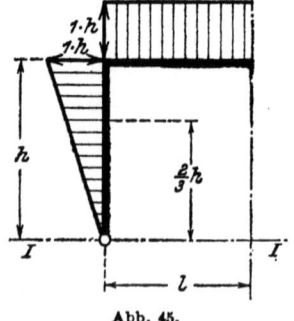

Abb. 45.

$$\delta_{aa} = \frac{2}{E} \left(\frac{h \cdot h}{2 J_1} \cdot \frac{2}{3} h + \frac{h l}{J_2} \cdot h \right)$$

oder

$$\delta_{aa} = \frac{h^3}{E J_1} \left(\frac{2}{3} + 2 \cdot \frac{l}{h} \cdot \frac{J_1}{J_2} \right).$$

3. Die Verschiebung δ_{bb}.

Für den Belastungszustand $\Sigma P = 0$; $X_a = 0$ und $X_b = -1$ wird in dem Grundsystem wie es in den Abbildungen 46 und 47 dargestellt

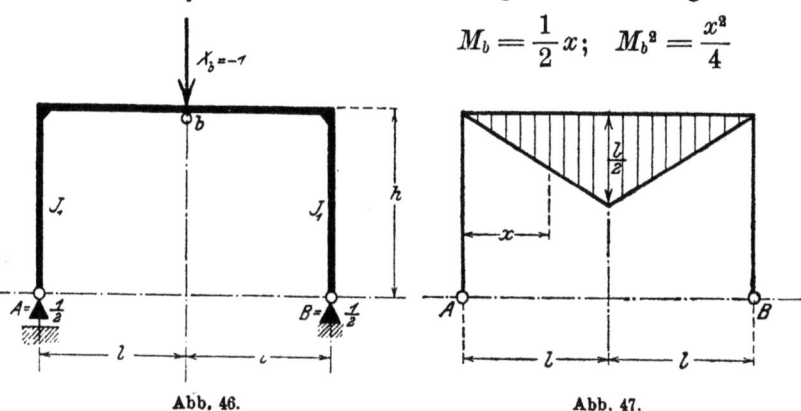

$$M_b = \frac{1}{2} x; \quad M_b^2 = \frac{x^2}{4}$$

Abb. 46. Abb. 47.

und es ist somit

$$\int M_b^2 \frac{ds}{EJ} = \frac{2}{EJ_2} \int_0^l \frac{x^2}{4} dx = \frac{1}{2EJ_2} \int_0^l x^2 dx,$$

oder

$$\delta_{bb} = \frac{l^3}{6EJ_2}.$$

4. Die Verschiebung δ_{ab}.

Es ist nach der Abb. 48

$$\delta_{ab} = 2 \cdot \alpha \cdot h.$$

Die Abb. 48 stellt den Belastungszustand von 3. dar, und es ist weiter

$$\alpha = \int_0^l M_b \frac{dx}{EJ_2} = \frac{1}{EJ_2} \cdot \frac{1}{2} \cdot l \cdot \frac{l}{2} = \frac{l^2}{4EJ_2}$$

und somit

$$\delta_{ab} = \frac{hl^2}{2EJ_2}.$$

IV. Der Zweigelenkrahmen mit Pendelstütze.

Der in den Gleichungen 38) und 39) gleichlautende Nenner erhält mit den unter 2. ÷ 4. gefundenen Werten den Ausdruck

$$\delta_{aa} \cdot \delta_{bb} - \delta_{ab}{}^2 = \frac{h^3 l^3}{6 E^2 J_1 J_2} \left(\frac{2}{3} + 2 \frac{l}{h} \cdot \frac{J_1}{J_2} \right) - \frac{h^2 l^4}{4 E^2 J_2{}^2}$$

oder

$$\delta_{aa} \cdot \delta_{bb} - \delta_{ab}{}^2 = \frac{h^3 l^3}{12 E^2 J_1 J_2} \left(\frac{4}{3} + \frac{l}{h} \frac{J_1}{J_2} \right) \quad . \quad . \quad 40)$$

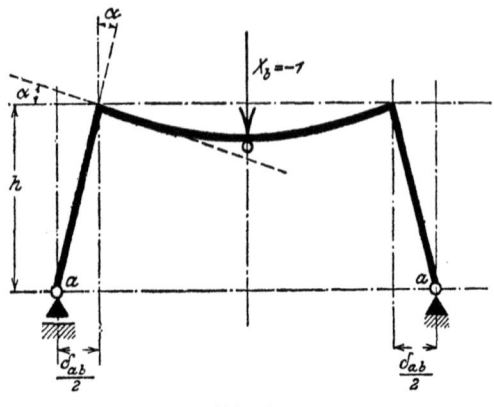

Abb. 48.

In den Gleichungen 38 und 39 stellen die Glieder $\Sigma P_m \delta_{ma}$ und $\Sigma P_m \delta_{mb}$ den Einfluß der äußeren Belastungen dar. Für den Einfluß von lotrechten Lasten sollen nun in der weiteren Untersuchung die Einflußlinien berechnet und für wagerechte Belastungen die Formeln zur Bestimmung von X_a und X_b aufgestellt worden.

B. Der Einfluß lotrechter Lasten.

5. Die δ_{ma}-Linie.

Die δ_{ma}-Linie ist die Biegungslinie des Riegels im statisch bestimmten Grundsystem für den Belastungszustand $X_a = -1$; $\Sigma P = 0$ und $X_b = 0$. Für den vorliegenden Fall berechnet sich die δ_{ma}-Linie als die Momentenkurve des mit der Momentenfläche aus dem Belastungszustand $X_a = -1$ belasteten einfachen Balkens von der Stützweite $2l$.

In einem Querschnitt m in der Entfernung x vom linken Auflager ist daher

$$\delta_{ma} = \left(hlx - \frac{hx^2}{2}\right)\frac{1}{EJ_2}$$

oder

$$\delta_{ma} = \frac{hl^2}{2EJ_2}\left(2\frac{x}{l} - \frac{x^2}{l^2}\right) \quad \ldots \ldots \quad 41)$$

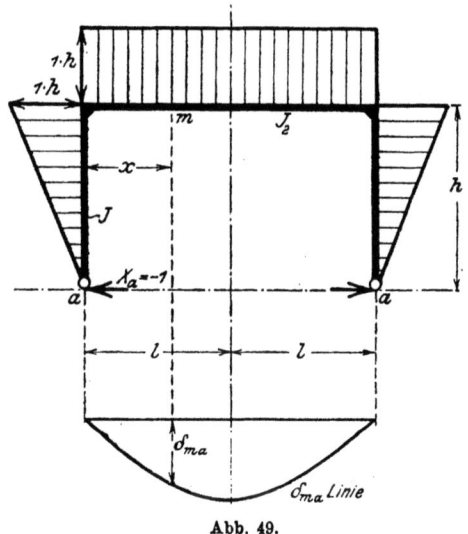

Abb. 49.

Der Inhalt der von der δ_{ma}-Linie begrenzten Fläche ist

$$F_a = 2\int_0^l \delta_{ma}\, dx = \frac{2}{3}\frac{hl^3}{EJ_2}.$$

6. Die δ_{mb}-Linie.

Unter δ_{mb} versteht man die Verschiebung eines Punktes m unter dem Einfluß einer Kraft $X_b = -1$ und in Richtung dieser Belastung. Die δ_{mb}-Linie ist also die Biegungslinie des Riegels im Grundsystem für den Belastungszustand $X_b = -1$; sie berechnet sich als die Momentenkurve des mit der Momentenfläche aus dem Belastungszustand $X_b = -1$ belasteten einfachen Balkens von der Stützweite $2l$. Nach der Abb. 50 ist für einen Querschnitt m in der Entfernung x vom linken Auflager

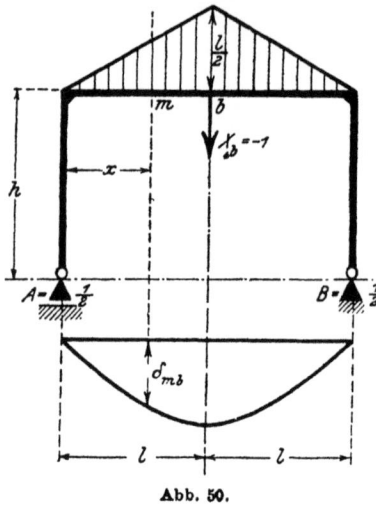

Abb. 50.

$$\delta_{mb} = \left(\frac{l^2}{4} \cdot x - \frac{x^2}{4}\right) \cdot \frac{x}{3} \cdot \frac{1}{EJ_2} \Bigg\}$$

oder

$$\delta_{mb} = \frac{l^3}{12 EJ_2}\left(3\frac{x}{l} - \frac{x^3}{l^3}\right) \quad 42)$$

Der Inhalt der von der δ_{mb}-Linie begrenzten Fläche ist

$$F_b = 2\int_0^l \delta_{mb}\,dx = \frac{5}{24}\frac{l^4}{EJ_2}.$$

7. Die Einflußlinien für X_a und X_b.

Mit den δ_{ma}- und δ_{mb}-Linien kann man die Einflußlinien für X_a und X_b nach den Gleichungen 38) und 39) konstruieren. Es war

$$X_a = \frac{\delta_{bb} \cdot \Sigma P_m \delta_{ma} - \delta_{ab}\Sigma P_m \delta_{mb}}{\delta_{aa} \cdot \delta_{bb} - \delta_{ab}^2}$$

und

$$X_b = \frac{\delta_{aa}\Sigma P_m \delta_{mb} - \delta_{ab}\Sigma P_m \delta_{ma}}{\delta_{aa} \cdot \delta_{bb} - \delta_{ab}^2}.$$

Die Ordinaten der Einflußlinie für X_a berechnen sich nach vorstehendem aus

$$X_a = \frac{\dfrac{l^3}{6EJ_2} \cdot \dfrac{hl^2}{2EJ_2}\left(2\dfrac{x}{l} - \dfrac{x^2}{l^2}\right) - \dfrac{hl^2}{2EJ_2} \cdot \dfrac{l^3}{12EJ_2}\left(3\dfrac{x}{l} - \dfrac{x^3}{l^3}\right)}{\dfrac{h^3 l^3}{12 E^2 J_1 J_2}\left(\dfrac{4}{3} + \dfrac{l}{h}\dfrac{J_1}{J_2}\right)}$$

7. Die Einflußlinien für X_a und X_b.

oder

$$X_a = \frac{\dfrac{x}{l} - 2\dfrac{x^2}{l^2} + \dfrac{x^3}{l^3}}{\dfrac{2 \cdot h^2}{l^2} \cdot \dfrac{J_2}{J_1}\left(\dfrac{4}{3} + \dfrac{l}{h} \cdot \dfrac{J_1}{J_2}\right)} \quad \ldots \quad 43)$$

In der Abb. 51 ist die X_a-Linie gezeichnet.

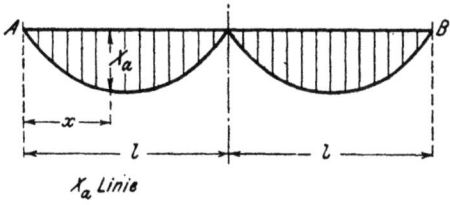

Abb. 51.

Für die X_b-Linie ermittelt sich

$$X_b = \left. \frac{\dfrac{h^3}{EJ_1}\left(\dfrac{2}{3} + 2\dfrac{l}{h}\cdot\dfrac{J_1}{J_2}\right) \cdot \dfrac{l^3}{12EJ_2}\left(3\dfrac{x}{l} - \dfrac{x^3}{l^3}\right)}{\dfrac{h^3 l^3}{12E^2 J_1 J_2}} \\ - \dfrac{\dfrac{hl^2}{2EJ_2} \cdot \dfrac{hl^2}{2EJ_2}\left(2\dfrac{x}{l} - \dfrac{x^2}{l^2}\right)}{\left(\dfrac{4}{3} + \dfrac{l}{h}\cdot\dfrac{J_1}{J_2}\right)} \right\}$$

oder

$$X_b = \frac{2\dfrac{x}{l} + 3\dfrac{l}{h}\cdot\dfrac{J_1}{J_2}\dfrac{x^2}{l^2} - \dfrac{x^3}{l^3}\left(\dfrac{2}{3} + 2\dfrac{l}{h}\dfrac{J_1}{J_2}\right)}{\dfrac{4}{3} + \dfrac{l}{h}\cdot\dfrac{J_1}{J_2}} \quad . \quad 44)$$

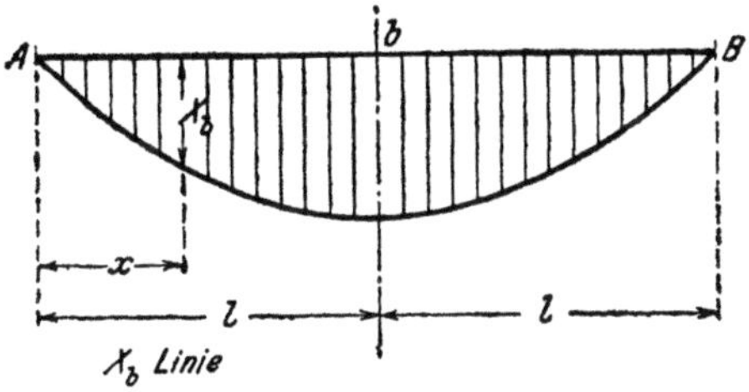

Abb. 52.

Die X_b-Linie ist in der Abb. 52 gezeichnet. In dem Querschnitt $x = l$ wird $X_a = 0$ und $X_b = 1$, wenn die Trägheitsmomente J_1 und J_2 einander gleich und konstant sind.

Mit Hilfe dieser beiden Einflußlinien kann man nun leicht auch die anderen, zur Berechnung des Systems erforderlichen Einflußlinien ermitteln.

Das Moment im Zweigelenkrahmen mit Pendelstütze berechnet sich allgemein aus

$$M = M_0 - M_a X_a - M_b \cdot X_b$$

und es ist hierin M_0 das Moment im statisch bestimmten Grundsystem; M_a das Moment aus dem Belastungszustand $X_a = -1$. Es war $M_a = y$ für die Ständer und $M_a = h$ für den Riegel; weiter war M_b das Moment im Grundsystem aus dem Belastungszustand $X_b = -1$; für den Riegel war $M_b = \frac{1}{2} x$ und für die Ständer $M_b = 0$.

8. Die Einflußlinien für die Biegungsmomente.

Für einen Querschnitt s im Ständer ist das Moment
$$M_s = -X_a \cdot y.$$

Die Einflußlinie für das Moment M_s ist somit die X_a-Linie mit dem Multiplikator $\mu = -y$.

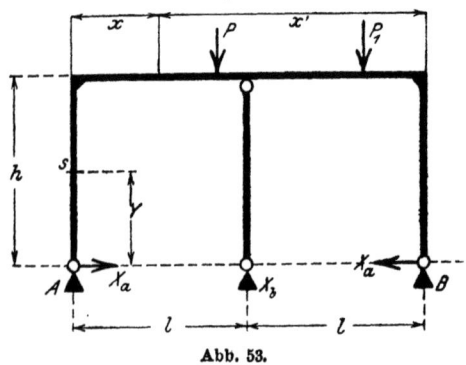

Abb. 53.

Für einen Querschnitt x im Riegel ist das Moment
$$M_x = M_0 - h \cdot X_a - \frac{1}{2} x X_b$$

8. Die Einflußlinien für die Biegungsmomente.

oder
$$M_x = \frac{x}{2}\left(\frac{2}{x} \cdot M_o - \frac{2h}{x} \cdot X_a - X_b\right) \quad \ldots \quad 45)$$

Aus der Gleichung 45) folgt die Konstruktion der Einflußlinie für das Moment M_x im Riegel.

Von der Abszissenachse $A \div B$ trägt man im Querschnitt x die mit $\frac{2}{x}$ multiplizierte Ordinate der Einflußlinie für M_o des einfachen Balkens von der Stützweite $2l$. Diese Ordinate hat die Größe

$$z = \frac{2 \cdot x \cdot x'}{x \cdot 2l} = \frac{x'}{l}$$

und man verbindet den Endpunkt der Ordinate mit den Punkten A und B. Von dieser mit $\frac{2}{x}$ multiplizierten Einflußlinie des einfachen Balkens wird die

$$\frac{2h}{x} \cdot X_a + X_b\text{-Linie}$$

subtrahiert.

Der Multiplikator der M_x-Linie ist $\mu = \frac{x}{2}$.

In den Abbildungen $54 \div 54^c$ ist die M_a-Linie gezeichnet.

9. Vollbelastung durch eine gleichmäßig verteilte Last Q.

Dieser Belastungsfall ist in der Abb. 55 gezeichnet.

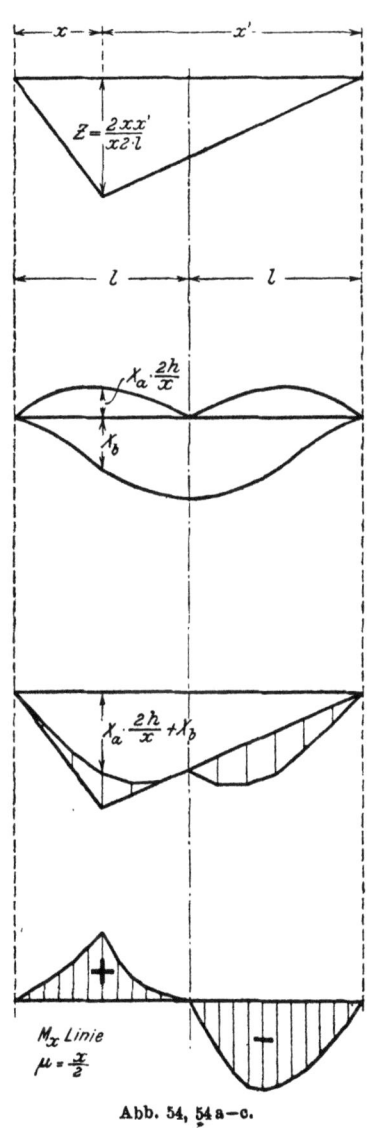

Abb. 54, 54 a—c.

IV. Der Zweigelenkrahmen mit Pendelstütze.

Bedeuten
$$\eta_a \text{ und } \eta_b$$
die Ordinaten der Einflußlinien von X_a und X_b, so ist
$$X_a = \Sigma q \cdot \eta_a\, dx \quad \text{und} \quad X_b = \Sigma q \cdot \eta_b \cdot dx.$$

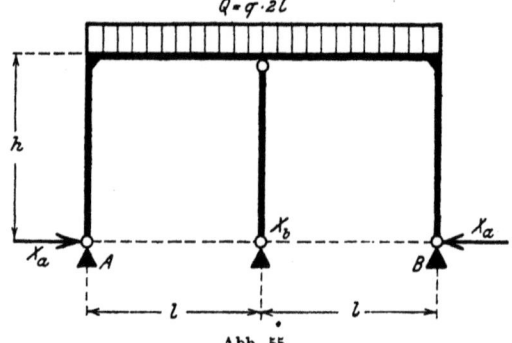

Abb. 55.

Es ist nun aber
$$F_a = \int \eta_a \cdot dx$$
der Inhalt der von der X_a-Linie begrenzten Fläche;
$$\int_0^l \eta_a\, dx = \frac{l}{12} \cdot \frac{l^2}{h^2 \dfrac{J_2}{J_1}\left(\dfrac{4}{3} + \dfrac{l}{h}\cdot\dfrac{J_1}{J_2}\right)}$$

und es wird
$$X_a = \frac{Q}{24} \cdot \frac{l^2}{h^2 \dfrac{J_2}{J_1}\left(\dfrac{4}{3} + \dfrac{l}{h}\cdot\dfrac{J_1}{J_2}\right)} \quad \ldots \quad 46)$$

Der Inhalt der von der X_b-Linie begrenzten Fläche ist
$$F_b = \int \eta_b\, dx = 2l \cdot \frac{\dfrac{5}{6} + \dfrac{l}{2h}\cdot\dfrac{J_1}{J_2}}{\dfrac{4}{3} + \dfrac{l}{h}\cdot\dfrac{J_1}{J_2}}$$

und somit
$$X_b = Q \cdot \frac{\dfrac{5}{6} + \dfrac{l}{2h}\cdot\dfrac{J_1}{J_2}}{\dfrac{4}{3} + \dfrac{l}{h}\cdot\dfrac{J_1}{J_2}} \quad \ldots \ldots \quad 47)$$

10. Wagerecht wirkende Einzellast W am Ständer.

Das Biegungsmoment in einem Querschnitt x ist allgemein
$$M_x = \frac{Q}{2} \cdot x - \frac{q x^2}{2} - X_a \cdot h - X_b \cdot \frac{x}{2}$$
und es liegt der Querschnitt, in welchem das größte positive Biegungsmoment auftritt, in der Entfernung x_0 vom linken bew. rechten Auflager. Der Wert für x_0 findet sich aus bekannten Beziehungen mit
$$x_0 = l \cdot \frac{Q - X_b}{Q} \quad \ldots \ldots \quad 48)$$

Bei der Bemessung der Konstruktion sind neben den größten positiven Momenten auch die größten negativen Biegungsmomente festzustellen. Das Moment im Querschnitt l unter der Pendelstütze ist

$$M_l = \frac{Q l}{4} - X_a \cdot h - X_b \cdot \frac{l}{2}.$$

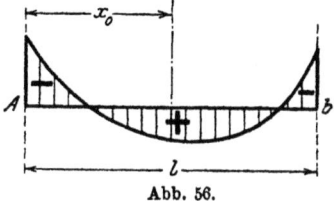

Abb. 56.

C. Der Einfluß wagerechter Lasten.

10. Wagerecht wirkende Einzellast W am Ständer.

In der Abb. 57 ist die Kraftverteilung für diesen Belastungs-

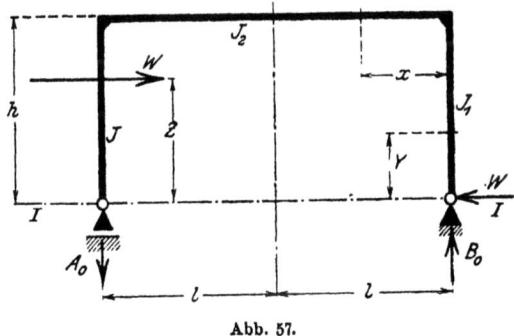

Abb. 57.

fall im statisch bestimmten Grundsystem dargestellt. Es ist
$$A_0 = B_0 = \pm \frac{W \cdot z}{2 l}.$$

Weiter ist
$$\Sigma P_m \delta_{ma} = \int M_o M_a \frac{ds}{EJ}.$$

Für die Ständer war $M_a = y$ und
für den Riegel $M_a = h$.
Es ist somit

$$\Sigma P_m \delta_{ma} = \frac{1}{EJ_1} \int_0^h M_o y\, dy \quad \text{für die Ständer und}$$

$$\Sigma P_m \delta_{ma} = \frac{2}{EJ_2} \int_0^l M_o h \cdot dx \quad \text{für den Riegel.}$$

Diese Werte bedeuten die statischen Momente der mit $\dfrac{1}{EJ}$ multiplizierten Momentenflächen M_o, bezogen auf die Achse $I \div I$.

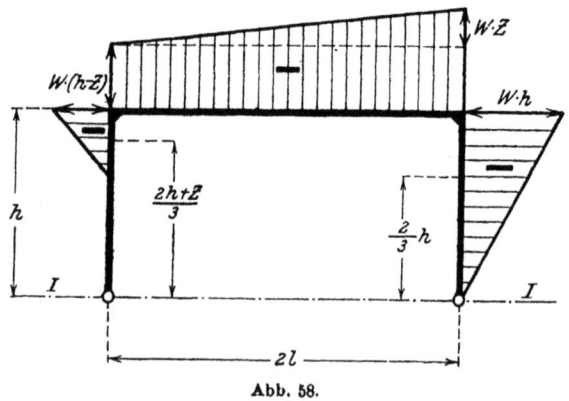

Abb. 58.

In der Abb. 58 sind diese M_o-Flächen aufgezeichnet.
Es ist
$$E \cdot \Sigma P_m \delta_{ma} = - W \cdot (h-z) \cdot \frac{h-z}{2} \cdot \frac{2h+z}{3 J_1}$$
$$- W \cdot h \cdot \frac{h}{2} \cdot \frac{2}{3} \frac{h}{J_1}$$
$$- W \cdot \frac{2h-z}{2} \cdot \frac{2l}{J_2} \cdot h$$

10. Wagerecht wirkende Einzellast W am Ständer.

oder
$$\Sigma P_m \delta_{ma} = -\frac{W}{EJ_1}\left[\frac{(h-z)^2}{6}\cdot(2h+z)+\frac{h^3}{3}+hl\cdot\frac{J_1}{J_2}(2h-z)\right]$$

Weiter ist
$$\Sigma P_m \delta_{mb} = \int M_o M_b \frac{ds}{EJ}$$

und es war $M_b = \frac{1}{2}x$ und wird somit

$$\int M_o M_b \cdot \frac{ds}{EJ} = \frac{1}{2EJ_2}\int M_o x\, dx.$$

Nach diesem Ausdruck berechnet sich nunmehr
$$\Sigma P_m \delta_{mb} = -\frac{W}{2EJ_2}\left[2(h-z)l\cdot\frac{l}{2}+\frac{z}{2}\cdot\frac{l}{2}\cdot\frac{2}{3}l+\frac{z}{2}\cdot l\cdot\frac{l}{2}+\frac{z}{2}\frac{l}{2}\cdot\frac{l}{3}\right]$$
oder
$$\Sigma P_m \delta_{mb} = -\frac{W\cdot l^2}{4\cdot E\cdot J_2}(2h-z).$$

Führt man nun diese Werte in die Gleichungen 38) und 39) ein, so erhält man

$$X_a = \frac{-\dfrac{l^3}{6EJ_2}\cdot\dfrac{W}{EJ_1}\left[\dfrac{(h-z)^2}{6}(2h+z)+\dfrac{h^3}{3}+hl\dfrac{J_1}{J_2}(2h-z)\right]}{\dfrac{h^3 l^3}{12\cdot E^2 J_1 J_2}}$$

$$\dfrac{+\dfrac{hl^2}{2EJ_2}\cdot\dfrac{W\cdot l^2}{4\cdot EJ_2}(2h-z)}{\left(\dfrac{4}{3}+\dfrac{l}{h}\cdot\dfrac{J_1}{J_2}\right)}\Bigg\}$$

oder

$$X_a = -W\cdot\frac{\left[\dfrac{(h-z)^2}{3}(2h+z)+\dfrac{2}{3}h^3+2hl(2h-z)\dfrac{J_1}{J_2}\right]}{h^3\left(\dfrac{4}{3}\right.}$$

$$\dfrac{-\dfrac{3}{2}h\cdot l\dfrac{J_1}{J_2}(2h-z)}{\left.+\dfrac{l}{h}\cdot\dfrac{J_1}{J_2}\right)}\Bigg\}\cdot 49)$$

76 IV. Der Zweigelenkrahmen mit Pendelstütze.

und für die Spannkraft in der Pendelstütze ergibt sich

$$X_b = \left.\begin{array}{l}\dfrac{-\dfrac{h^3}{EJ_1}\left(\dfrac{2}{3}+2\,\dfrac{l}{h}\,\dfrac{J_1}{J_2}\right)\cdot\dfrac{W\cdot l^2}{4\cdot EJ_2}(2h-z)+\dfrac{hl^2}{2EJ_2}\cdot\dfrac{W}{EJ_1}}{\dfrac{h^3 l^3}{12 E^2 J_1 J_2}}\\[2ex]\dfrac{\left[\dfrac{(h-z)^2}{6}(2h+z)+\dfrac{h^3}{3}+hl(2h-z)\dfrac{J_1}{J_2}\right]}{\left(\dfrac{4}{3}+\dfrac{l}{h}\cdot\dfrac{J_1}{J_2}\right)}\end{array}\right\}$$

oder

$$X_b = -W\cdot\left.\begin{array}{l}\dfrac{\dfrac{2h-z}{l}\left(2+6\,\dfrac{l}{h}\,\dfrac{J_1}{J_2}\right)-\dfrac{1}{h^2 l}\left[(h-z)^2(2h+z)\right.}{\left(\dfrac{4}{3}\right.}\\[2ex]\dfrac{\left.+2h^3+6hl(2h-z)\dfrac{J_1}{J_2}\right]}{\left.+\dfrac{l}{h}\cdot\dfrac{J_1}{J_2}\right)}\end{array}\right\}\ \ 50)$$

Greift die Kraft W den Rahmen in Riegelhöhe an, also $z=h$, so wird $X_b=0$ und $X_a=-\dfrac{W}{2}$, das System verhält sich hier wie ein einfacher Balken.

11. Wagerechte Belastung durch eine gleichmäßig verteilte Last W am Ständer.

In der Abb. 59 ist dieser Belastungsfall gezeichnet. Die Auflagerreaktionen im statisch bestimmten Grundsystem sind

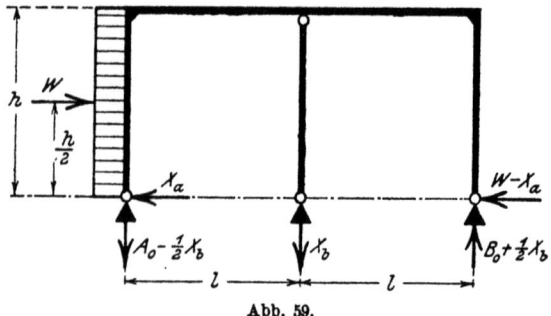

Abb. 59.

11. Wagerechte Belastung durch eine gleichmäßig verteilte Last W usw. 77

$$A_o = B_o = \pm \frac{W \cdot h}{4 l}.$$

In der Abb. 60 ist die Verteilung der Momentenflächen im Grundsystem dargestellt und ist hiernach

$$E \cdot \Sigma P_m \delta_{ma} = -\frac{W \cdot h}{2} \cdot \frac{h}{3} \cdot \frac{3}{4} \frac{h}{J_1} - W h \cdot \frac{h}{2} \cdot \frac{2}{3} \frac{h}{J_1}$$
$$- W \cdot \frac{3}{4} h \cdot 2 l \frac{h}{J_2}$$

oder

$$\Sigma P_m \delta_{ma} = -\frac{W \cdot h^3}{E J_1} \left(\frac{11}{24} + \frac{3}{2} \frac{l}{h} \frac{J_1}{J_2} \right)$$

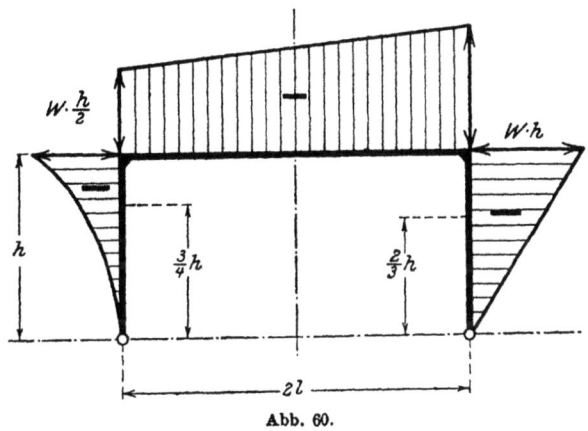

Abb. 60.

und weiter ist

$$\Sigma P_m \delta_{mb} = -\frac{W}{2 E J_2} \left(2 \frac{h}{2} l \cdot \frac{l}{2} + \frac{h}{4} \cdot \frac{l}{2} \cdot \frac{2}{3} l + \frac{h}{4} \cdot l \frac{l}{2} \right.$$
$$\left. + \frac{h}{4} \cdot \frac{l}{2} \cdot \frac{l}{3} \right)$$

oder

$$\Sigma P_m \delta_{mb} = -\frac{3}{8} W \cdot \frac{h l^2}{E J_2}.$$

Dann wird

$$X_a = -W \cdot \frac{\dfrac{11}{12} + \dfrac{3}{4}\dfrac{l}{h} \cdot \dfrac{J_1}{J_2}}{\dfrac{4}{3} + \dfrac{l}{h} \cdot \dfrac{J_1}{J_2}} \quad \ldots \quad 51)$$

und die Spannkraft in der Pendelstütze ist

$$X_b = -\frac{W}{4} \cdot \frac{h}{l\left(\dfrac{4}{3} + \dfrac{l}{h} \cdot \dfrac{J_1}{J_2}\right)} \quad \ldots \quad 52)$$

Mit diesen beiden Belastungsfällen hat man bei der Bemessung von Konstruktionen der im vorstehenden behandelten Art am häufigsten zu rechnen. Bei der Bestimmung der Biegungsmomente wird man wieder zweckmäßig die Kernpunktsmomente M^o und M^u bestimmen. Die größten Materialbeanspruchungen berechnen sich dann aus

$$\sigma^o = -\frac{M^u}{W^o} \quad \text{und} \quad \sigma^u = +\frac{M^o}{W^u}.$$

V. Der dreiseitige Zweigelenkrahmen mit schiefer Balkenachse.

1. Erklärungen.

Das in der Abb. 61 gezeichnete System ist die allgemeine Form des dreiseitigen Zweigelenkrahmens. Wenn nun auch diese Rahmenform im Hochbau nicht oft vorkommt, so ist doch die Berechnung derselben von besonderem Interesse, da man von den Rechnungsergebnissen dieses Systems leicht die Formeln für den dreiseitigen Zweigelenkrahmen mit gerader Balkenachse ableiten kann.

Das System ist einfach statisch unbestimmt und wird als unbekannte Kraft der Horizontalschub X_a gewählt und aus der Beziehung

$$\delta_a = \Sigma P_m \delta_{ma} - X_a \cdot \delta_{aa}$$

berechnet.

Es werden die Voraussetzungen getroffen, daß die Verschiebungen der Gelenkpunkte a gleich Null sind, und daß die einzelnen Teile des Systems verschiedene, aber konstante Trägheits-

2. Die Verschiebung δ_{aa}.

momente besitzen; der Einfluß der Normalkräfte wird vernachlässigt, und es wird

$$X_a = \frac{\Sigma P_m \delta_{ma}}{\delta_{aa}} = \frac{\int M_o M_a \frac{ds}{J}}{\int M_a^2 \frac{ds}{J}}$$

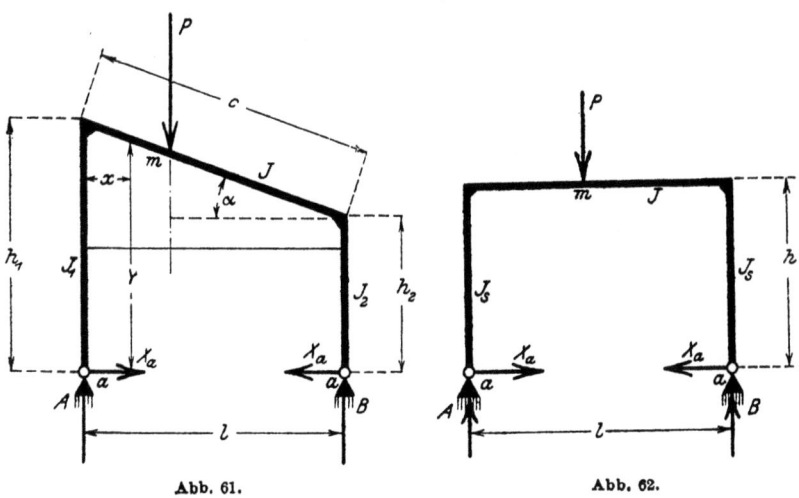

Abb. 61. Abb. 62.

Im folgenden soll nun zuerst die Verschiebung δ_{aa} berechnet werden.

2. Die Verschiebung δ_{aa}.

Es ist

$$\delta_{aa} = \int M_a^2 \frac{ds}{J}$$

und mit

$$M_a = y$$

wird

$$\delta_{aa} = \frac{h_1^3}{3 J_1} + \frac{h_2^3}{3 J_2} + \int_0^l (h_2 + x \operatorname{tg} \alpha)^2 \frac{dx}{\cos \alpha \, J}$$

oder

$$\delta_{aa} = \frac{h_1^3}{3 J_1} + \frac{h_2^3}{3 J_2} + \frac{c}{3 J} (3 h_2^2 + 3 h_2 c \cdot \sin \alpha + c^2 \sin^2 \alpha).$$

80 V. Der dreiseitige Zweigelenkrahmen mit schiefer Balkenachse.

Setzt man für $c \cdot \sin \alpha = h_1 - h_2$, so wird
$$\delta_{aa} = \frac{1}{3J}\left[h_1{}^3\frac{J}{J_1} + h_2{}^3\frac{J}{J_2} + c\,(h_1{}^2 + h_1 h_2 + h_2{}^2)\right] \quad . \quad 53)$$

Für den symmetrischen Rahmen, wie in Abb. 62, wird
$$\delta_{aa} = \frac{lh^2}{3J}\left(3 + 2 \cdot \frac{h}{l} \cdot \frac{J}{Js}\right).$$

Setzt man für $\dfrac{h}{l} \cdot \dfrac{J}{Js} = \Phi$, so erhält man
$$\delta_{aa} = \frac{lh^2}{3J}(3 + 2\Phi) \quad \ldots \ldots \quad 53\text{a})$$

A. Der Einfluß lotrechter Lasten.
3. Die δ_{ma}-Linie.

Der Einfluß lotrechter Lasten auf den Riegel wird am einfachsten mit Hilfe der Einflußlinie untersucht. Für eine lotrechte Einzellast P im Punkte m des Riegels ist
$$X_a = P_m \cdot \frac{\delta_{ma}}{\delta_{aa}} = \frac{\int M_0 M_a \dfrac{ds}{J}}{\delta_{aa}}$$
und es wird im folgenden zuerst die δ_{ma}-Linie berechnet.

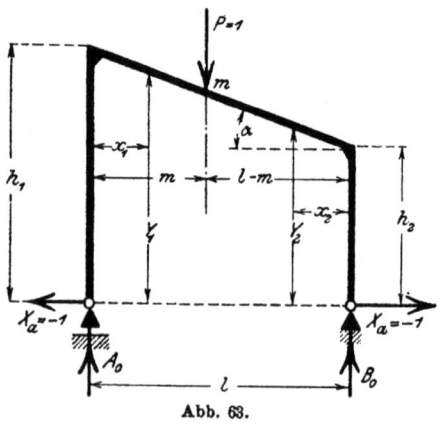

Abb. 63.

Für den Belastungszustand $P_m = 1$ und $X_a = -1$ ist mit Rücksicht auf die Abbildung 63
$$A_0 = \frac{l-m}{l}$$
und
$$B_0 = \frac{m}{l};$$
weiter ist
$$M_a = y.$$
Setzt man nun
$$y_1 = h_1 - x_1\,\text{tg}\,\alpha$$
und
$$y_2 = h_2 + x_2\,\text{tg}\,\alpha$$

3. Die $\delta_{m\bar{a}}$-Linie.

so erhält man für x_1 in den Grenzen $0 \div m$
$$M_o = \frac{l-m}{l} \cdot x_1$$
und
$$M_o M_a = \frac{l-m}{l} \cdot x_1 (h_1 - x_1 \operatorname{tg} \alpha)$$
$$= x_1 \left(h_1 - h_1 \frac{m}{l}\right) + x_1^2 \left(\frac{m}{l} \operatorname{tg} \alpha - \operatorname{tg} \alpha\right).$$

Folglich wird
$$\int M_o M_a \frac{ds}{J} = \frac{1}{J \cdot \cos \alpha} \left[m^4 \frac{\operatorname{tg} \alpha}{3\,l} - m^3 \left(\frac{h_1}{2\,l} + \frac{\operatorname{tg}\alpha}{3}\right) + m^2 \frac{h_1}{2} \right].$$

Für x_2 in den Grenzen $0 \div l - m$ wird
$$M_o = \frac{m}{l} \cdot x_2$$
und
$$M_o M_a = \frac{m}{l} \cdot x_2 (h_2 + x_2 \operatorname{tg} \alpha) = \frac{m}{l} h_2 x_2 + \frac{m}{l} \cdot \operatorname{tg} \alpha \cdot x_2^2;$$

somit wird
$$\int M_o M_a \frac{ds}{J} = \frac{1}{J \cdot \cos \alpha}\left[-m^4 \frac{\operatorname{tg}\alpha}{3\,l} + m^3 \left(\operatorname{tg}\alpha + \frac{h_2}{2\,l}\right) - m^2 (\operatorname{tg}\alpha \cdot l + h_2) + m\left(\frac{h_2\,l}{2} + \operatorname{tg}\alpha \frac{l^2}{3}\right) \right].$$

Die Summe dieser Werte für $\int M_o M_a \dfrac{ds}{J}$ ergibt die Gleichung für die δ_{ma}-Linie.

Es ist somit
$$\delta_{ma} = \frac{1}{J \cdot \cos \alpha}\left[m^3 \cdot \frac{\operatorname{tg}\alpha}{6} - m^2 \frac{h_1}{2} + m \cdot \frac{l}{6}(2\,h_1 + h_2)\right]. \quad 54)$$

Für den symmetrischen Rahmen wird
$$\delta_{ma} = \frac{h\,l^2}{2 \cdot J}\left(\frac{m}{l} - \frac{m^2}{l^2}\right) \quad \ldots \quad 54^{\mathrm{a}})$$

Der Inhalt der von der δ_{ma}-Linie begrenzten Fläche ist
$$F_a = \int \delta_{ma} \cdot dm$$
und nach Formel 54) wird

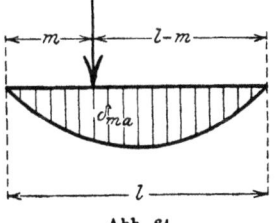

Abb. 64.

82 V. Der dreiseitige Zweigelenkrahmen mit schiefer Balkenachse.

$$F_a = \frac{1}{J \cdot \cos \alpha} \left[l^4 \cdot \frac{\operatorname{tg} \alpha}{192} + l^3 \frac{h_1 + h_2}{24} \right] \quad \ldots \ldots \quad 55)$$

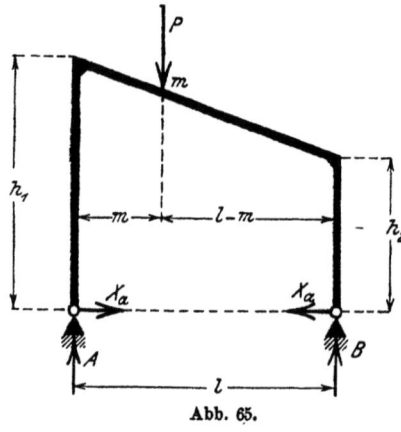

Abb. 65.

Für den symmetrischen Rahmen erhält man

$$F_a = \frac{h\,l^3}{12 \cdot J} \quad \ldots \quad 55\text{a})$$

4. Belastung durch Einzellast P.

Es ist

$$X_a = P_m \cdot \frac{\delta_{ma}}{\delta_{aa}}.$$

Mit Formel 53) und 54) wird

$$X_a = P \cdot \frac{m^3 \dfrac{\operatorname{tg} \alpha}{2} - m^2 \dfrac{3}{2} h_1 + m \dfrac{l}{2}(2\,h_1 + h_2)}{h_1{}^3 \dfrac{J}{J_1} \cos \alpha + h_2{}^3 \dfrac{J}{J_2} \cos \alpha + l\,(h_1{}^2 + h_1 h_2 + h_2{}^2)} \quad . \quad 56)$$

Für den Rahmen mit wagerechter Balkenachse erhält man

$$X_a = P \cdot \frac{3 \cdot l}{2 \cdot h} \cdot \frac{\dfrac{m}{l} - \dfrac{m^2}{l^2}}{3 + 2\,\Phi} \quad \ldots \ldots \ldots \quad 56\text{a})$$

Greift an dem symmetrischen Rahmen die Einzellast P in Balkenmitte an, so wird

$$X_a = \frac{Pl}{8\,h} \cdot \frac{3}{3 + 2\,\Phi}.$$

Das Moment in der Rahmenecke bei A und B wird

$$M_A = M_B = -X_a\,h = -\frac{P \cdot l}{4} \cdot \frac{3}{6 + 4\,\Phi}$$

und das Moment in Balkenmitte ist

$$M_m = \frac{Pl}{4} - X_a \cdot h = \frac{Pl}{4} - \frac{Pl}{8} \cdot \frac{3}{3 + 2\,\Phi}$$

oder
$$M_m = \frac{P \cdot l}{4} \cdot \frac{3 + 4\Phi}{6 + 4\Phi}.$$

5. Belastung durch eine gleichmäßig verteilte Last Q.

Es ist
$$X_a = \frac{\Sigma q \cdot dx \cdot \delta_{ma}}{\delta_{aa}}$$
oder, da $\Sigma \delta_{ma}\, dx = F_a$
$$X_a = q \cdot \frac{F_a}{\delta_{aa}}.$$

Der Wert für F_a ist in Gleichung 55) berechnet, und somit wird

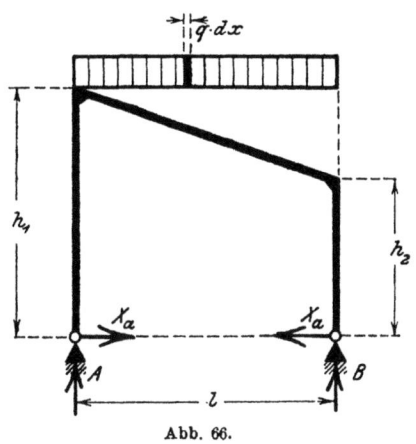

Abb. 66.

$$X_a = Q \cdot \frac{l^3 \dfrac{\operatorname{tg}\alpha}{64} + l^2 \dfrac{h_1 + h_2}{8}}{h_1{}^3 \dfrac{J}{J_1}\cos\alpha + h_2{}^3 \dfrac{J}{J_2}\cos\alpha + l(h_1{}^2 + h_1 h_2 + h_2{}^2)} \qquad 57)$$

Für den symmetrischen Rahmen ist nach Gleichung 53^a) und 55^a)
$$X_a = \frac{Ql}{8h} \cdot \frac{2}{3 + 2\Phi} \quad \ldots \ldots \quad 57^a)$$

Die Momente in den Rahmenecken bei A und B sind
$$M_A = M_B = -\frac{Ql}{8} \cdot \frac{2}{3 + 2\Phi}.$$

Das Moment in Balkenmitte wird
$$M_m = \frac{Ql}{8} - X_a h = \frac{Ql}{8} - \frac{Ql}{8} \cdot \frac{2}{3 + 2\Phi}$$
oder
$$M_m = \frac{Ql}{8} \cdot \frac{1 + 2\Phi}{3 + 2\Phi}.$$

84 V. Der dreiseitige Zweigelenkrahmen mit schiefer Balkenachse.

B. Der Einfluß wagerechter Lasten.

6. Belastung durch eine gleichmäßig verteilte Last W auf den Pfosten h_1.

Dieser Belastungsfall ist in der Abb. 67 dargestellt.

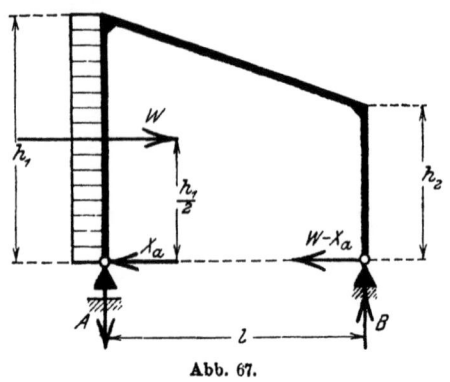

Abb. 67.

Es ist

$$X_a = \frac{\int M_o\, M_a\, \frac{ds}{J}}{\int M_a^2\, \frac{ds}{J}}$$

und kann man den Ausdruck

$$\int M_o\, M_a\, \frac{ds}{J}$$

als das statische Moment der durch J dividierten Momentenflächen M_o, bezogen auf die Auflagerachse, deuten. Zur Aufzeichnung der M_o-Momente, das sind die Momente im statisch bestimmten Grundsystem, wurde bei A das bewegliche Auflager angenommen. Dann ist

$$A_o = B_o = \pm \frac{W h_1}{2\, l}.$$

6. Belastung durch eine gleichmäßig verteilte Last W usw. 85

In den Abbildungen 68 bis 68^d sind die M_o-Flächen gezeichnet.

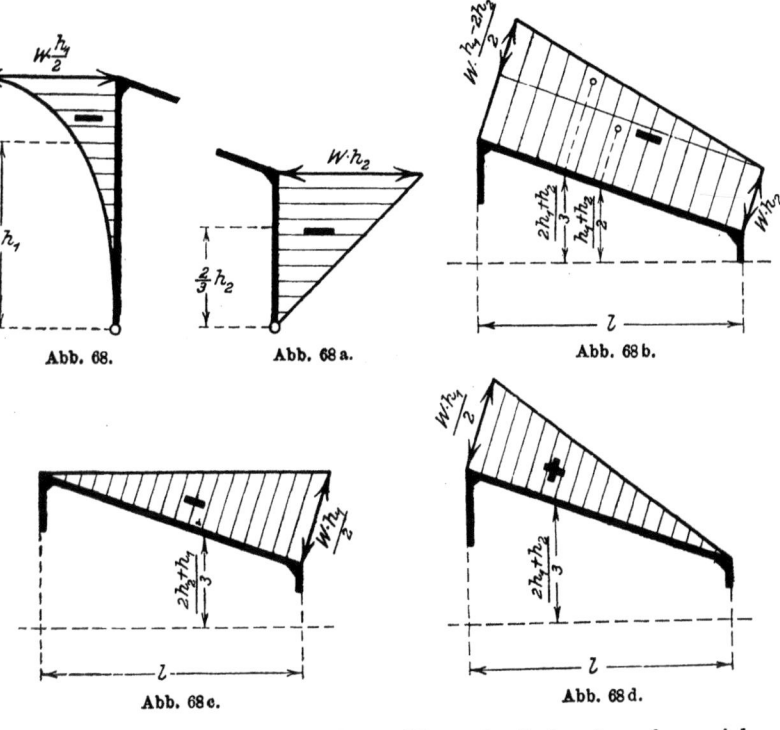

Abb. 68. Abb. 68a. Abb. 68b.

Abb. 68c. Abb. 68d.

Die statischen Momente dieser Momentenflächen berechnen sich nun mit Hilfe der vorstehenden Abbildungen zu

$$\int M_o \cdot y \cdot \frac{ds}{J} = -\frac{1}{3} \frac{W \cdot h_1}{2 J_1} \cdot h_1 \frac{3}{4} h_1$$
$$- \frac{W \cdot h_2}{J_2} \cdot \frac{h_2}{2} \cdot \frac{2}{3} h_2$$
$$- \frac{W \cdot h_2}{J} \cdot c \cdot \frac{h_1 + h_2}{2}$$
$$- W \cdot \frac{h_1 - 2 h_2}{2 J} \cdot \frac{c}{2} \frac{2 h_1 + h_2}{3}$$
$$- \frac{W \cdot h_1}{2 J} \cdot \frac{c}{2} \frac{2 h_2 + h_1}{3}$$
$$+ \frac{W \cdot h_1}{2 J} \cdot \frac{c}{2} \cdot \frac{2_1 h + h_2}{3}$$

86 V. Der dreiseitige Zweigelenkrahmen mit schiefer Balkenachse.

oder es ist
$$-\int M_o\, y \cdot \frac{ds}{J} = \frac{W}{24 \cdot J}\left[3\, h_1{}^3\, \frac{J}{J_1} + 8\, h_2{}^2\, \frac{J}{J_2} + 2\, c\, (h_1 + 2\, h_2)^2\right].$$

Somit wird
$$X_a = -\frac{W}{8}\, \frac{3\, h_1{}^3\, \dfrac{J}{J_1} + 8\, h_2{}^3\, \dfrac{J}{J_2} + 2\, c\, (h_1 + 2\, h_2)^2}{h_1{}^3\, \dfrac{J}{J_1} + h_2{}^3\, \dfrac{J}{J_2} + c\, (h_1{}^2 + h_1\, h_2 + h_2{}^2)} \quad \ldots \text{ 58)}$$

Für den regelmäßigen Rahmen erhält man aus der Gleichung 58)
$$X_a = -\frac{W}{8} \cdot \frac{18 + 11\, \Phi}{3 + 2\, \Phi} \quad \ldots \ldots \text{ 58\,a)}$$

Das Moment in der Ecke bei A des symmetrischen Rahmens ist
$$M_A = X_a \cdot h - W\, \frac{h}{2} = h \cdot \left(X_a - \frac{W}{2}\right)$$
oder
$$M_A = h\left[\frac{W}{8} \cdot \frac{18 + 11\, \Phi}{3 + 2\, \Phi} - \frac{W}{2}\right] = \frac{W \cdot h}{8} \cdot \frac{6 + 3\, \Phi}{3 + 2\, \Phi}.$$

In der Ecke B ist das Biegungsmoment
$$M_B = -(W - X_a)\, h$$
oder
$$M_B = -\left[W - \frac{W}{8} \cdot \frac{18 + 11\, \Phi}{3 + 2\, \Phi}\right] \cdot h$$
$$M_B = -\frac{W\, h}{8} \cdot \frac{6 + 5\, \Phi}{3 + 2\, \Phi}.$$

7. Belastung durch eine gleichmäßig verteilte Last W auf den Pfosten h_2.

Wird der Pfosten h_2 belastet, so entstehen im Grundsystem die Auflagerkräfte
$$A_o = B_o = \pm\, \frac{W \cdot h_2}{2\, l}.$$

Im Zweigelenkrahmen sind die Auflagerkräfte
$$A = \frac{W\, h_2}{2\, l}; \quad H_A = X_a;$$

7. Belastung durch eine gleichmäßig verteilte Last W usw. 87

$$B = -\frac{Wh_2}{2l} \quad \text{und} \quad H_B = W - X_a.$$

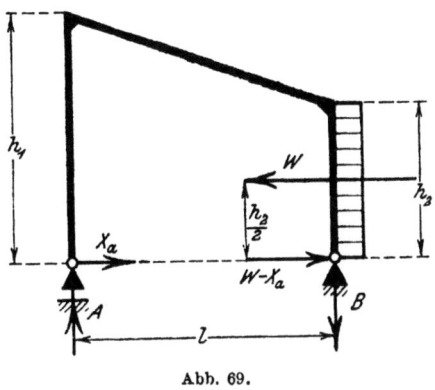

Abb. 69.

In den Abbildungen 70 bis 70c sind die M_o-Flächen gezeichnet.

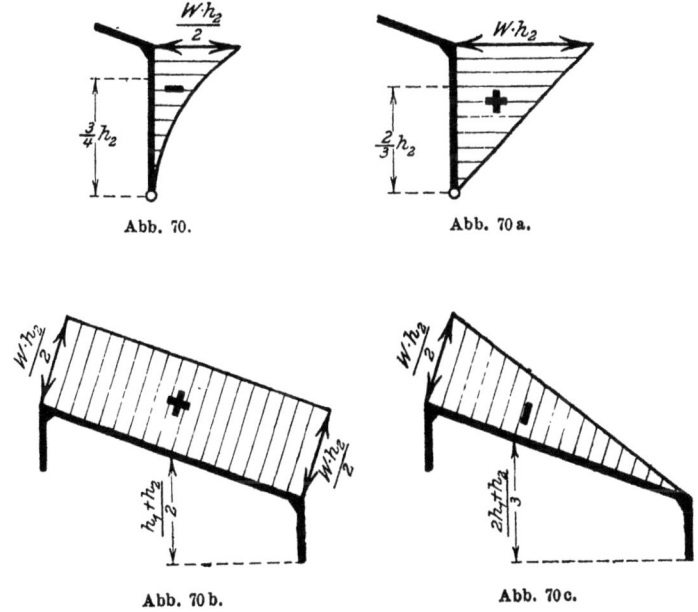

Abb. 70. Abb. 70a.

Abb. 70b. Abb. 70c.

88 V. Der dreiseitige Zweigelenkrahmen mit schiefer Balkenachse.

Das statische Moment der durch J dividierten M_0-Flächen ist

$$\int M_0 y \cdot \frac{ds}{J} = -\frac{W \cdot h_2}{2 J_2} \cdot \frac{1}{3} h_2 \cdot \frac{3}{4} h_2$$
$$+ \frac{W h_2}{J_2} \cdot \frac{h_2}{2} \cdot \frac{2}{3} h_2$$
$$+ \frac{W \cdot h_2}{2 J} \cdot \frac{c}{2} \cdot (h_1 + h_2)$$
$$- \frac{W \cdot h_2}{2 J} \cdot \frac{c}{2} \cdot \frac{2 h_1 + h_2}{3}$$

oder

$$\int M_0 y \cdot \frac{ds}{J} = \frac{W \cdot h_2}{24 \cdot J} \left[2 c (h_1 + 2 h_2) + 5 h_2^2 \frac{J_1}{J_2} \right].$$

Folglich wird

$$X_a = \frac{W \cdot h_2}{8} \frac{2 c (h_1 + 2 h_2) + 5 h_2^2 \frac{J}{J_2}}{h_1^3 \frac{J}{J_1} + h_2^3 \frac{J}{J_2} + c (h_1^2 + h_1 h_2 + h_2^2)} \quad . \quad 59)$$

Für den regelmäßigen Rahmen ist dann

$$X_a = \frac{W}{8} \cdot \frac{6 + 5 \Phi}{3 + 2 \Phi} \quad . \quad . \quad . \quad . \quad 59\,\text{a})$$

8. Einzellast W an dem Pfosten h_2.

Greift an dem Pfosten h_2 eine Einzellast W in der Entfernung z vom Gelenkpunkt an, so sind die Auflagerreaktionen

$$A = \frac{W \cdot z}{l}$$

und

$$B = -\frac{W \cdot z}{l}.$$

Weiter ist

$$H_A = X_a$$

und

$$H_B = W - X_a.$$

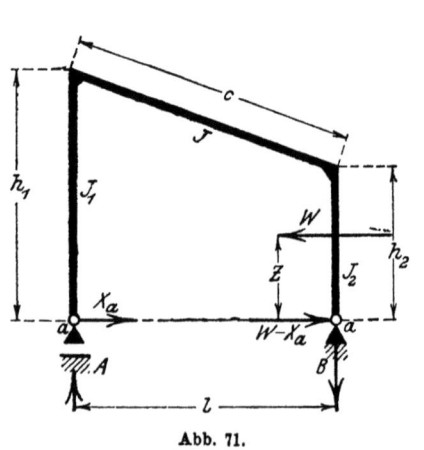

Abb. 71.

8. Einzellast W an dem Pfosten h_2.

Im statisch bestimmten Grundsystem sind die Auflagerkräfte
$$A_o = B_o = \pm \frac{Wz}{l} \quad \text{und} \quad H_B = W.$$

In den Abbildungen 72 ÷ 72b ist die Verteilung der Momente M_o im Grundsystem gezeichnet.

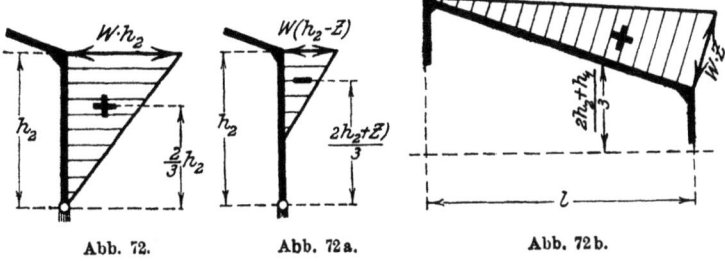

Abb. 72.　　Abb. 72a.　　Abb. 72b.

Nach diesen Abbildungen berechnet sich nun der Wert von $\int M_o M_a \frac{ds}{J}$ zu

$$\int M_o y \cdot \frac{ds}{J} = -W(h_2 - z) \cdot \frac{h_2 - z}{2 J_2} \cdot \frac{2 h_2 + z}{3}$$
$$+ W \cdot h_2 \frac{h_2}{2 J_2} \cdot \frac{2}{3} h_2$$
$$+ W \cdot z \frac{c}{2 J} \cdot \frac{2 h_2 + h_1}{3}$$

oder

$$\int M_o M_a \frac{ds}{J} = \frac{W \cdot z}{6 J} \left[(3 h_2^2 - z^2) \frac{J}{J_2} + c(2 h_2 + h_1) \right].$$

Mit diesem Wert und der Gleichung 53) erhält man

$$X_a = \frac{\int M_o M_a \frac{ds}{J}}{\delta_{aa}} = \frac{W \cdot z}{2} \cdot \frac{(3 h_2^2 - z^2) \frac{J}{J_2} + c(2 h_2 + h_1)}{h_1^3 \frac{J}{J_1} + h_2^3 \frac{J}{J_2} + c(h_1^2 + h_1 h_2 + h_2^2)} \quad \ldots \quad 60)$$

Für den regelmäßigen Rahmen ergibt sich aus Gleichung 60)

$$X_a = \frac{W \cdot z}{2 h} \cdot \frac{3 + \left(3 - \frac{z^2}{h^2}\right) \Phi}{3 + 2 \Phi} \quad \ldots \quad 60\,\text{a})$$

Das Biegungsmoment in der Ecke A des regelmäßigen Rahmens ist

$$M_A = -X_a h = -\frac{W \cdot z}{2} \cdot \frac{3 + \left(3 - \frac{z^2}{h^2}\right)\Phi}{3 + 2\Phi}.$$

In der Ecke B wird das Moment

$$M_B = (W - X_a)h - W \cdot (h - z).$$

Setzt man den für X_a berechneten Wert ein, so wird

$$M_B = \frac{W \cdot z}{2} \cdot \frac{3 + \left(1 + \frac{z^2}{h^2}\right)\Phi}{3 + 2\Phi}.$$

VI. Der Dreieckrahmen.

1. Erklärungen.

Das in der Abb. 73 gezeichnete System stellt eine im Hochbau häufig vorkommende Rahmenform dar. Mit der Annahme eines konstanten Trägheitsmomentes J vereinfacht sich die Berechnung dieses einfach statisch unbestimmten Systems, bei welcher die Unbekannte, der Horizontalschub, hier mit H bezeichnet wird. Es wird die Verschiebung δ_r der Auflager gleich Null gesetzt und der Einfluß der Längskräfte vernachlässigt; dann ist

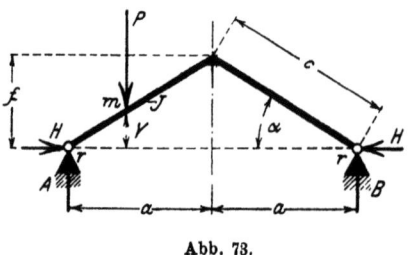

Abb. 73.

$$H = \frac{\Sigma I_m \delta_{mr}}{\delta_{rr}} = \frac{\int M_0 M_r \, ds}{\int M_r^2 \, ds}.$$

Die Verschiebung $\delta_{rr} = \int M_r^2 \frac{ds}{EJ}$ soll nun zuerst berechnet werden.

2. Die Verschiebung δ_{rr}.

Für den Belastungszustand $\Sigma P_m = 0$ und $H = -1$ im statisch bestimmten Grundsystem, dem einfachen Balken, ist
$$M_r = y$$
und es wird
$$\delta_{rr} = \int y^2 \frac{ds}{EJ} = \frac{2}{EJ}\int_0^a y^2 \frac{dx}{\cos\alpha}$$
oder
$$\delta_{rr} = \frac{2}{3} \cdot \frac{f^2 c}{EJ} \quad \dots \dots \quad 61)$$

A. Der Einfluß lotrechter Lasten.

3. Die δ_{mr}- und die H-Linie.

Es ist δ_{mr} die Verschiebung eines Punktes m des Rahmens in Richtung einer Kraft P in m unter dem Einflusse einer Kraft $H = -1$ im Grundsystem. Die δ_{mr}-Linie ist also die Biegungslinie des einfachen Balkens mit der Stützweite $2a$, welcher mit den Kräften
$$p = \frac{M_r ds}{EJ}$$
belastet ist.

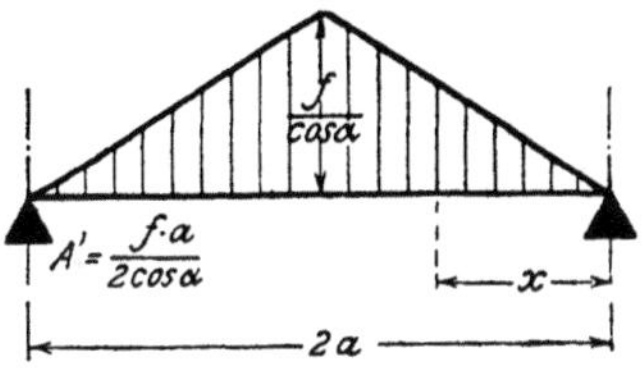

Abb. 74.

Nach der Abb. 74 wird dann
$$\delta_{mr} = \frac{1}{EJ}\left[\frac{f \cdot a}{2 \cdot \cos\alpha} \cdot x - x \cdot \frac{x \cdot f}{2 \cdot a \cdot \cos\alpha} \cdot \frac{x}{3}\right]$$
oder
$$\delta_{mr} = \frac{f \cdot a \cdot c}{2 EJ}\left(\frac{x}{a} - \frac{1}{3} \cdot \frac{x^3}{a^3}\right) \quad \dots \dots \quad 62)$$

Die Einflußlinie für den Horizontalschub H erhält man somit aus
$$H = \frac{\delta_{mr}}{\delta_{rr}} = \frac{\dfrac{f \cdot a \cdot c}{2 EJ}\left(\dfrac{x}{a} - \dfrac{1}{3}\dfrac{x^3}{a^3}\right)}{\dfrac{2}{3} \cdot \dfrac{f^2 c}{EJ}}$$

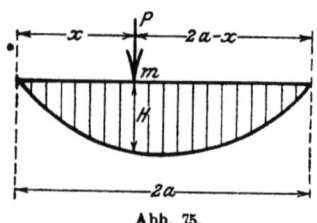

Abb. 75.

und es ist

$$H = \frac{3}{4} \cdot \frac{a}{f} \cdot \left(\frac{x}{a} - \frac{1}{3}\frac{x^3}{a^3}\right) \quad . \quad 63)$$

Der Inhalt der von der Einflußlinie begrenzten Fläche ist

$$F_H = 2\int_0^a H \cdot dx = 2 \cdot \frac{3}{4} \cdot \frac{a}{f} \int_0^a \left(\frac{x}{a} - \frac{1}{3}\frac{x^3}{a^3}\right) dx;$$

$$F_H = \frac{5}{8} \frac{a^2}{f} \quad \ldots \ldots \quad 64)$$

4. Belastung durch eine gleichmäßig verteilte Last Q.

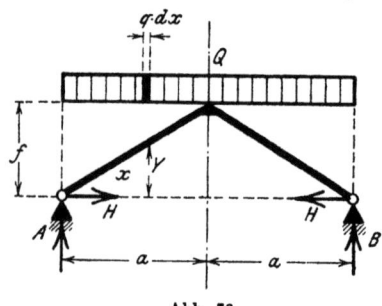

Abb. 76.

Der Horizontalschub berechnet sich aus

$$H = \Sigma q \cdot dx \cdot \frac{\delta_{mr}}{\delta_{rr}} = q \cdot F_H$$

oder

$$H = \frac{5}{16} \cdot Q \cdot \frac{a}{f} \quad . \quad 65)$$

Das Biegungsmoment in einem Querschnitt x wird

$$M_x = \frac{Q}{2} \cdot x - q\frac{x^2}{2} - \frac{5}{16} \cdot Q \cdot \frac{a}{f} \cdot y$$

oder

$$M_x = \frac{Q}{16}\left(3x - \frac{4 \cdot x^2}{a}\right).$$

Der Querschnitt, in welchem das Biegungsmoment ein Maximum erreicht, findet sich aus der Beziehung

$$\frac{dM_x}{dx} = 3 - \frac{8 \cdot x}{a} = 0.$$

Hieraus folgt

$$x_0 = \frac{3}{8} \cdot a.$$

In dem Querschnitt $x_0 = \frac{3}{8}a$ ist das größte positive Moment

$$M_{max} = \frac{9}{256} \cdot Q \cdot a.$$

Das Moment in Rahmenmitte ist

$$M_{max} = -\frac{Q \cdot a}{16}.$$

Dieses letzte Moment, welches man auch als das Konstruktionsmoment bezeichnen kann, da nach diesen bei kleineren Stützweiten der Träger bemessen wird, hat denselben Wert wie das größte Moment in dem Dreigelenkrahmen der gleichen Form, wie sie das vorliegende System besitzt. In dem Dreigelenkrahmen liegt aber das größte positive Moment in der Entfernung $x = \frac{a}{2}$ und der Horizontalschub hat die Größe $H = \frac{Q \cdot a}{4f}$, ist also kleiner als wie im Zweigelenkrahmen, während die Konstruktionsmomente mit $\frac{Qa}{16}$ übereinstimmen.

5. Belastung durch lotrechte Einzellast P.

Es ist nach Abbildung 77 und Formel 63)

$$H = \frac{3}{4} \cdot \frac{P \cdot a}{f}\left(\frac{x}{a} - \frac{x^3}{3a^3}\right)$$

Hiernach ist das Biegungsmoment im Querschnitt x

$$M_x = \frac{P \cdot x'}{2 \cdot a} \cdot x - \frac{3}{4} \cdot \frac{P \cdot a}{f}\left(\frac{x}{a} - \frac{x^3}{3a^3} \cdot y\right)$$

oder

$$M_x = P \cdot \left(x - \frac{5}{4} \cdot \frac{x^2}{a} + \frac{x^4}{4 \cdot a^3}\right)$$

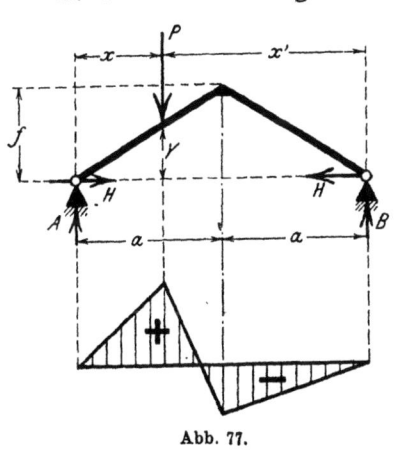

Abb. 77.

In Rahmenmitte ist das Biegungsmoment
$$M_m = \frac{P \cdot x}{2a} \cdot a - \frac{3}{4} P \cdot \frac{a}{f}\left(\frac{x}{a} - \frac{x^3}{3a^3}\right) \cdot f$$
oder
$$M_m = \frac{P}{4} \cdot \left(\frac{x^3}{a^2} - x\right).$$

In der Abb. 77 ist die Momentenfläche für diesen Belastungszustand gezeichnet.

Greift die Kraft P in der Rahmenmitte an, so wird
$$H = \frac{3}{4} \cdot \frac{P \cdot a}{f}\left(1 - \frac{1}{3}\right) = P \cdot \frac{a}{2f}$$
und es ist
$$M_m = P \cdot \frac{a}{2} - P \cdot \frac{a}{2} = 0.$$

6. Die Einflußlinie für das Moment M_x.

Das Moment in einem Querschnitt x ist allgemein
$$M_x = M_{ox} - M_r H.$$
Setzt man nun für $M_r = y = x \cdot \operatorname{tg} \alpha = \frac{f}{a} \cdot x$, so wird
$$M_x = M_{ox} - \frac{f}{a} \cdot x \cdot H$$
oder
$$M_x = \frac{f}{a} \cdot x \left(\frac{a}{f \cdot x} M_{ox} - H\right). \quad \ldots \ldots \quad 66)$$

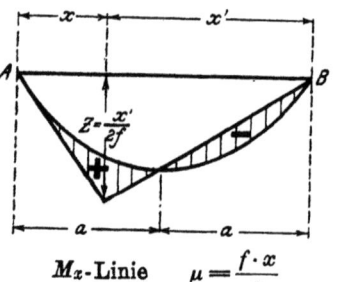

M_x-Linie $\quad \mu = \dfrac{f \cdot x}{a}$
Abb. 78.

Aus der Gleichung 66) folgt die Konstruktion der Einflußlinie für das Biegungsmoment M_x. Es wird von der $\dfrac{a}{f \cdot x} \cdot M_{ox}$-Linie die H-Linie subtrahiert, der Multiplikator ist $\mu = \dfrac{f \cdot x}{a}$, und es ist M_{ox} das Moment im einfachen Balken mit der Stützweite $2a$. Die Ordinate

der $\dfrac{a}{f \cdot x} \cdot M_{ox}$-Linie im Querschnitt x ist $z = \dfrac{a}{f \cdot x} \cdot \dfrac{x \cdot x'}{2a}$;
$z = \dfrac{x'}{2f}$. In der Abb. 78 ist die Einflußlinie für M_x gezeichnet.

Die Einflußlinie nach dieser Abb. 78 wird man aber nur dann anwenden, wenn der Querschnitt des zu untersuchenden Systems unbekannt ist, weil zur Spannungsberechnung auch noch die Normalkräfte bestimmt werden müssen. Die resultierende Spannung in dem Querschnitt x ist

$$\sigma_x = \dfrac{M_x}{W} \pm \dfrac{N}{F}$$

wo N die Normalkraft und F der Querschnitt bedeutet. Ist dagegen der Querschnitt schon bekannt, oder kann man denselben schätzungsweise bestimmen, so berechnet man zweckmäßig die Kernpunktsmomente und bestimmt aus diesen die resultierenden Spannungen im Querschnitt aus

$$\sigma_o = -\dfrac{M_x{}^u}{W^o} \quad \text{und} \quad \sigma_u = +\dfrac{M_x{}^o}{W^u}.$$

Es ist

$$M_x{}^u = M_{ox} - H \cdot y^u$$

wobei

$$y^u = y - \dfrac{W^o}{F}$$

und

$$y^o = y + \dfrac{W^u}{F}$$

bedeutet.

Die Beizahlen o und u beziehen sich auf die oberen bzw. unteren Fasern des Querschnitts.

7. Die Einflußlinie für die Normalkraft N.

Die Normalkraft N_x in einem Querschnitt x ist nach der Abb. 79

$$N_x = Q_{ox} \sin \alpha + H \cdot \cos \alpha$$

oder

$$N_x = \cos \alpha \left(Q_{ox} \cdot \dfrac{f}{a} + H \right) \quad \ldots \ldots \quad 67)$$

Die N_x-Linie setzt sich zusammen aus der $\frac{f}{a} \cdot Q_{ox}$-Linie und der H-Linie. Der Multiplikator ist $\mu = \cos \alpha$.

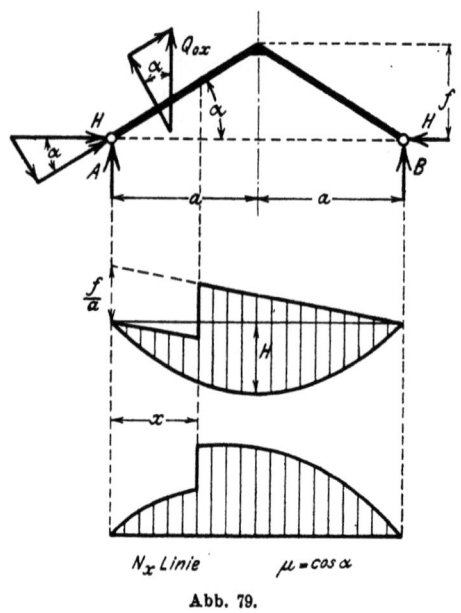

Abb. 79.

Die Q_{ox}-Linie ist die Einflußlinie für die Querkraft im einfachen Balken, wie es in der Abb. 79 gezeichnet ist.

B. Der Einfluß wagerechter Lasten.

8. Belastung durch wagerechte Einzellast W.

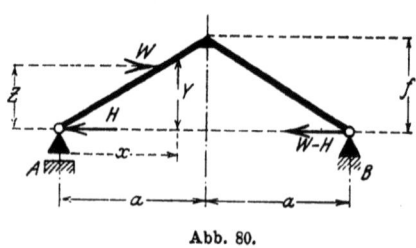

Abb. 80.

Der Belastungszustand ist in der Abb. 80 gezeichnet. Der unbekannte Horizontalschub bestimmt sich aus

$$H = \frac{\int M_o\, M_r\, \dfrac{ds}{EJ}}{\delta_{rr}}.$$

8. Belastung durch wagerechte Einzellast W.

Es ist weiter
$$A = B = \pm \frac{W \cdot z}{2a}$$
und
$$M_r = y = x \cdot \operatorname{tg} \alpha = \frac{f}{a} \cdot x$$
somit ergibt sich für den rechten Rahmenteil
$$M_o = \frac{W \cdot z}{2a} \cdot x - W \cdot y$$
oder
$$M_o = \frac{W \cdot x}{a} \left(\frac{z}{2} - f \right)$$
und es wird
$$\int M_o M_r \frac{ds}{EJ} = \int_0^a \frac{W \cdot x}{a} \left(\frac{z}{2} - f \right) \frac{f}{a} \cdot x \cdot \frac{dx}{EJ \cdot \cos \alpha}$$
$$= \frac{W \cdot a \cdot f \cdot (z - 2f)}{6 \, EJ \cdot \cos \alpha}.$$

Für den linken Rahmenteil ist
$$M_o = - \frac{W \cdot z}{2a} \cdot x$$
und es wird für x in den Grenzen 0 bis $z \cdot \dfrac{a}{f}$
$$\int M_o M_r \frac{ds}{EJ} = - \int_0^{z\frac{a}{f}} \frac{W \cdot z}{2a} \cdot x \cdot x \cdot \frac{f}{a} \cdot \frac{dx}{EJ \cdot \cos \alpha}$$
$$= - \frac{W \cdot z^4 \cdot a}{6 f^2 \, EJ \cos \alpha}.$$

Weiter ist für x in den Grenzen a bis $z \dfrac{a}{f}$
$$M_o = - \frac{Wz}{2a} \cdot x - W \cdot (y - z)$$
oder
$$M_o = W \cdot z - \frac{W \cdot x}{2a} (z + 2f)$$

dann wird

$$\int M_0 M_r \frac{ds}{EJ} = \frac{W \cdot z \cdot f}{a \cdot EJ \cdot \cos\alpha} \int_{\frac{z}{f}}^{a} x \cdot dx - \frac{W \cdot (z+f) \cdot f}{2a^2 EJ \cdot \cos\alpha} \int_{\frac{z}{f}}^{a} x^2 \, dx$$

$$= \frac{W \cdot a \cdot z^4}{6f^2 EJ \cdot \cos\alpha} - \frac{W \cdot a \cdot z^3}{6f \cdot EJ \cdot \cos\alpha} + \frac{W \cdot a \cdot f \cdot z}{3 EJ \cdot \cos\alpha} + \frac{W \cdot a \cdot f^2}{3 EJ \cdot \cos\alpha}.$$

Aus den vorstehenden Werten erhält man für $\int M_0 M_r \dfrac{ds}{EJ}$

$$\int M_0 M_r \frac{ds}{EJ} = -\frac{W \cdot a \cdot f^2}{EJ \cdot \cos\alpha}\left(\frac{2}{3} - \frac{z}{2f} + \frac{z^3}{6f^3}\right)$$

somit wird

$$H = \frac{\int M_0 M_r \dfrac{ds}{EJ}}{\delta_{rr}} = -\frac{W \cdot a \cdot f^2 \cdot 3 \cdot EJ \cdot \cos\alpha}{2 \cdot a \cdot f^2 \cdot EJ \cdot \cos\alpha}\left(\frac{2}{3} - \frac{z}{2f} + \frac{z^2}{6f^3}\right)$$

oder

$$H = -\frac{3}{2} W \left(\frac{2}{3} - \frac{z}{2f} + \frac{z^3}{6f^3}\right). \quad \ldots \quad 68)$$

Die Formel 68) ist auch die Gleichung für die Einflußlinie von H unter dem Einfluß einer wagerechten Belastung. Setzt man in obiger Formel $W = 1$, so erhält man mit Beachtung der Abb. 81

$$-\eta = 1 - \frac{3}{4} \cdot \frac{z}{f} + \frac{z^3}{4f^3} \quad \ldots \quad 69)$$

aus Formel 69) die Einflußlinie für H aus dem Belastungszustand wagerecht wirkender Lasten. Das Minuszeichen in Gleichung 69)

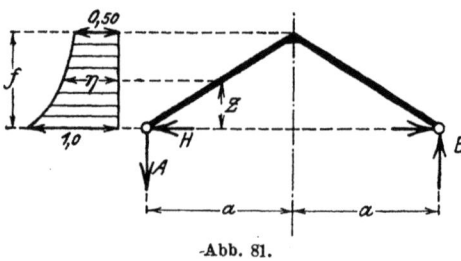

Abb. 81.

deutet darauf hin, daß die Kraft H im entgegengesetzten Sinne wirkt, als wie bei dem Belastungszustand M_r angenommen wurde, also so wie es in den Abbildungen 80 und 81 angegeben ist. Für $z = 0$ wird $H = -W$ und für $z = f$ ist $H = -\dfrac{1}{2} W$; in der Abb. 69 ist die Einflußlinie gezeichnet.

9. Belastung durch gleichmäßig verteilte Last W.

Der Inhalt der von dieser H-Linie begrenzten Fläche ist

$$F = \int \eta\, dz = -\int_0^f \left(1 - \frac{3}{4}\frac{z}{f} + \frac{z^3}{4f^3}\right) dz$$

und hieraus

$$F = -\frac{11}{16}f.$$

9. Belastung durch gleichmäßig verteilte Last W.

Der Horizontalschub ist

$$H = \Sigma q \cdot dz \cdot \eta$$

und es wird nach Gleichung 69)

$$H = -q \cdot f \cdot \frac{11}{16} = -\frac{11}{16} W.$$

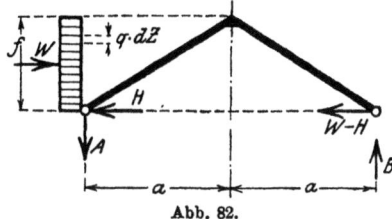

Abb. 82.

Der Horizontalschub wirkt in dem Sinn, wie es in der Abb. 82 gezeichnet ist. Die Auflagerreaktionen sind:

wagerecht bei $A = H = \dfrac{11}{16} W$

bei $B = W - H = \dfrac{5}{16} W,$

lotrecht bei A und $B = \pm \dfrac{W \cdot f}{4 \cdot a}.$

Das größte Biegungsmoment aus dieser Belastung tritt in Rahmenmitte auf und ist

$$M_{max} = \frac{W \cdot f}{4 \cdot a} \cdot a - \frac{5}{16} W \cdot f$$

oder

$$M_{max} = -\frac{W \cdot f}{16} \qquad \dots \dots \dots \quad 70)$$

Wird an Stelle der festen Auflager bei dieser Konstruktion eine die beiden Auflager verbindende Spannstange angeordnet, so muß, weil diese Spannstange in den meisten Fällen als Zugorgan ausgebildet ist, besonders darauf geachtet werden, ob die Spannkraft H aus den wagerecht wirkenden Kräften nicht größer wird als die Spannkraft H aus den ständigen lotrechten Belastungen.

Tritt nun der Fall ein, daß H_w größer ist als H_P, so verhält sich das System wie ein einfacher Balken und muß als solcher berechnet und bemessen werden.

VII. Der versteifte Dreieckrahmen.

1. Erklärungen.

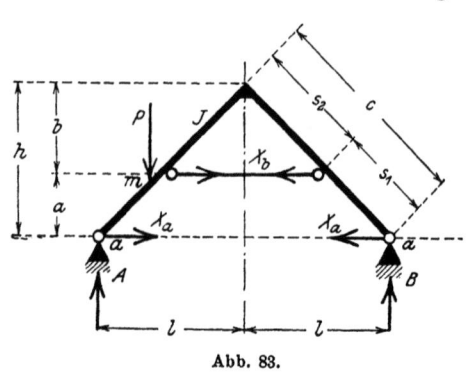

Abb. 83.

Das in der Abb. 83 gezeichnete System ist ein Dreieckrahmen, welcher durch eine Spannstange versteift ist. Die Konstruktion ist zweifach statisch unbestimmt, und es werden als die Unbekannten der Horizontalschub X_a und die Spannkraft X_b in der Spannstange angenommen. Diese unbekannten Kräfte werden aus den Beziehungen

$$\delta_a = \Sigma P_m \delta_{ma} - X_a \cdot \delta_{aa} - X_b \cdot \delta_{ab}$$

und

$$\delta_b = \Sigma P_m \delta_{mb} - X_a \delta_{ba} - X_b \cdot \delta_{bb}$$

berechnet.

Es ist nun aber nach bekannten Gesetzen $\delta_{ab} = \delta_{ba}$, und man erhält somit aus den obigen Gleichungen zur Berechnung von X_a und X_b die Werte

$$X_a = \frac{\delta_{bb} \Sigma P_m \delta_{ma} - \delta_{ab} \Sigma P_m \delta_{mb} - \delta_a \cdot \delta_{bb} + \delta_{bb} \delta_{ab}}{\delta_{aa} \cdot \delta_{bb} - \delta_{ab}^2} \quad . \quad 71)$$

und

$$X_b = \frac{\delta_{aa} \cdot \Sigma P_m \delta_{mb} - \delta_{ab} \Sigma P_m \delta_{ma} + \delta_a \cdot \delta_{ab} - \delta_b \cdot \delta_{aa}}{\delta_{aa} \cdot \delta_{bb} - \delta_{ab}^2} \quad 72)$$

Die Formeln 71) und 72) vereinfachen sich wesentlich, wenn man die Verschiebungen δ_a und δ_b gleich Null setzt; diese Annahme ist für δ_a in den meisten Fällen auch zutreffend. Setzt man nun für δ_a und δ_b Null, dann erhält man für X_a und X_b die Gleichungen in der Form, wie diese unter IV., Gleichung 38) und 39) angeführt sind. Nach Durchführung dieser vereinfachten Rechnung kann man dann mit $\delta_b = \dfrac{X_b l_b}{E F_b'}$ den Einfluß dieser Verschiebung auf die Größe der unbekannten Kräfte X_a und X_b leicht prüfen und diese Werte richtigstellen.

A. Die Verschiebungen δ_{aa}, δ_{bb} und δ_{ab}.

2. Die Verschiebung δ_{aa}.

Es ist δ_{aa} die Verschiebung des Angriffspunktes von X_a für den Belastungszustand $X_a = -1$ und $\Sigma P = 0$ im statisch bestimmten Grundsystem, als welches für den vorliegenden Fall der einfache Balken gewählt ist, wie es in der Abb. 84 gezeichnet ist. Mit der Annahme eines überall konstanten Trägheitsmomentes J und mit Vernachlässigung der Normalkräfte ist

$$\delta_{aa} = \frac{1}{EJ} \cdot 2 \cdot \frac{h \cdot c}{2} \cdot \frac{2}{3} h$$

$$\delta_{aa} = \frac{2}{3} \cdot \frac{h^2 c}{EJ} \quad \ldots \quad 73)$$

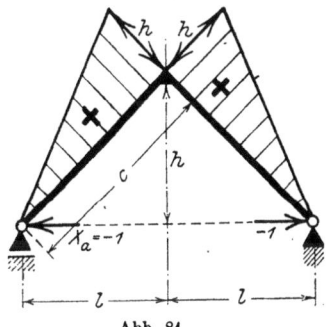

Abb. 84.

3. Die Verschiebung δ_{bb}.

Die Verschiebung δ_{bb} ist nach der Abb. 85 die Verschiebung des Angriffspunktes von X_b im Sinne einer Kraft $X_b = -1$ und berechnet sich zu

$$\delta_{bb} = \frac{1}{EJ} \cdot 2 \cdot \frac{b \cdot s_2}{2} \cdot \frac{2}{3} b$$

$$\delta_{bb} = \frac{2}{3} \cdot \frac{b^2 s_2}{EJ} \quad \ldots \quad 74)$$

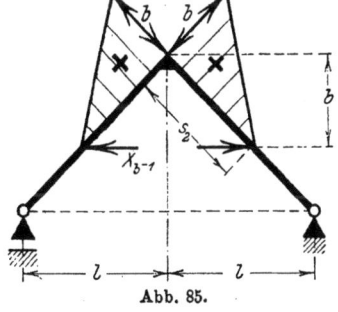

Abb. 85.

4. Die Verschiebung δ_{ab}.

Es ist δ_{ab} die Verschiebung des Angriffspunktes von X_a unter dem Belastungszustand $X_b = -1$ und $\Sigma P = 0$. Bezugnehmend auf die Abb. 85 berechnet sich

$$\delta_{ab} = \frac{1}{EJ} \cdot 2 \cdot \frac{b \cdot s_2}{2} \cdot \left(a + \frac{2}{3}b\right)$$

$$\delta_{ab} = \frac{b s_2}{3 \cdot EJ}(3a + 2b) \quad \ldots \ldots \ldots \quad 75)$$

Der in den Gleichungen 71) und 72) auftretende Nenner ist nach vorstehendem

$$\delta_{aa} \cdot \delta_{bb} - \delta_{ab}^2 = \frac{b^2 s_2}{9 \cdot E^2 J^2}[4h^2 c - s_2(3a + 2b)^2] \quad . \quad 76)$$

B. Der Einfluß lotrechter Lasten.

5. Die δ_{ma}-Linie.

Für die Untersuchung von Belastungfällen, bei welchen mehrere Einzellasten in unsymmetrischer Anordnung auftreten, eignen sich am besten die Einflußlinien, die man mit Hilfe der δ_{ma}- und δ_{mb}-Linien konstruieren kann. Die δ_{ma}-Linie berechnet sich nach IV. 2. zu

$$\delta_{ma} = \frac{hlc}{2EJ}\left(\frac{x}{l} - \frac{x^3}{3l^3}\right) \quad 77)$$

Der Inhalt der von der δ_{ma}-Linie begrenzten Fläche ist

$$F_m = \frac{5}{12}\frac{hl \cdot c}{EJ}.$$

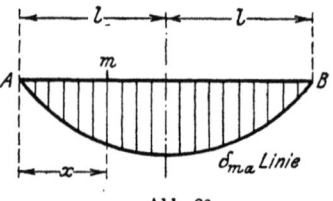

Abb. 86.

6. Die δ_{mb}-Linie.

Unter δ_{mb} versteht man die Verschiebung eines Punktes m in Richtung einer Kraft P in m unter dem Einfluß einer Kraft $X_b = -1$. Die δ_{mb}-Linie ist also die Biegungslinie für den Belastungszustand $X_b = -1$.

6. Die δ_{mb}-Linie.

In der Abb. 87 ist die Momentenfläche aus diesem Belastungszustand gezeichnet, und es ergibt sich nach dem Verfahren von Mohr

$$\delta_{x_1 b} = \frac{b \cdot s_2}{2 \cdot EJ} \cdot x_1 \quad 78)$$

Nach der Abb. 87 ist

$$r_1 = s_1 \cos \alpha$$

und der Inhalt der δ_{mb}-Fläche in den Grenzen $x_1 = r_1 \div 0$, somit

$$F_{b_1} = \frac{b \cdot l^2 s_1^2 s_2}{2 \cdot c^2 \cdot EJ}.$$

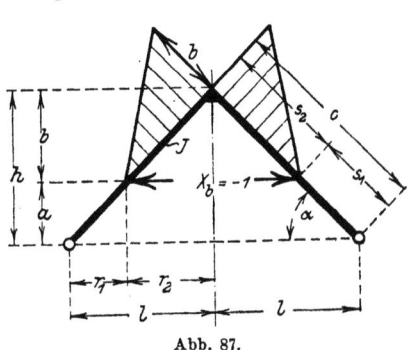

Abb. 87.

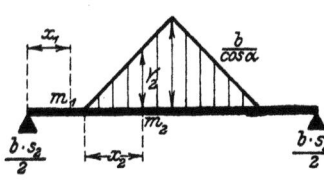

Abb. 87a.

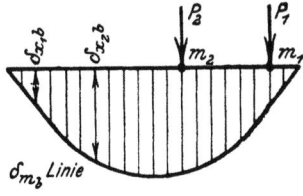

Abb. 87b.

Weiter ist für die Abszissen x_2

$$\delta_{x_2 b} = \frac{b \cdot s_2}{2 EJ}(r_1 + x_2) - \frac{x_2 y_2}{2 EJ} \cdot \frac{x_2}{3}.$$

Es ist nun

$$y_2 = \frac{x_2 b}{r_2 \cos \alpha}$$

$$r_1 = l - s_2 \cos \alpha$$

$$r_2 = s_2 \cdot \cos \alpha$$

und somit

$$\delta_{x_2 b} = \frac{b s_2}{2 EJ}\left(l - \frac{s_2 l}{c} + x_2 - \frac{c^2}{3 \cdot l^2 s_2^3} x_2^3\right) \quad . \quad . \quad 79)$$

Der Inhalt der von der $\delta_{x_2 b}$-Linie begrenzten Fläche ist

$$F_{b_2} = \frac{b l^2 s_2}{EJ}\left(\frac{s_2}{c} - \frac{7}{12} \frac{s_2^2}{c^2}\right).$$

Der ganze Inhalt der von der δ_{mb}-Linie begrenzten Fläche ist nach vorstehendem

$$F_b = \frac{b l^2 s_2}{2 EJ}\left(1 - \frac{s_2^2}{6 c^2}\right).$$

Setzt man für das Verhältnis $\frac{s_2}{c}$ den Wert $\frac{b}{h}$, so wird

$$F_b = \frac{b l^2 s_2}{2 EJ}\left(1 - \frac{b^2}{6 h^2}\right). \quad \ldots \quad 80)$$

Mit Hilfe der δ_{ma}- und δ_{mb}-Linien kann man die X_a- und X_b-Linien konstruieren. Es empfiehlt sich hier nur

$$\delta_{bb}\Sigma P_m \delta_{ma} - \delta_{ab}\Sigma P_m \delta_{mb}$$

und die

$$\delta_{aa}\Sigma P_m \delta_{mb} - \delta_{ab}\Sigma P_m \delta_{ma}\text{-Linien}$$

zu berechnen; der Multiplikator ist dann $\mu = \dfrac{1}{\omega}$, wo

$$\omega = \delta_{aa} \cdot \delta_{bb} - \delta_{ab}^2$$

ist.

Für einfache Belastungsfälle braucht man aber die Einflußlinien von X_a und X_b nicht zu berechnen, hier kann man die Werte $\Sigma P_m \delta_{ma}$ und $\Sigma P_m \delta_{mb}$ direkt aus $\int M_0 M_a \dfrac{ds}{EJ}$ und $\int M_0 M_b \dfrac{ds}{EJ}$ bestimmen.

7. Vollbelastung durch gleichmäßig verteilte Last Q.

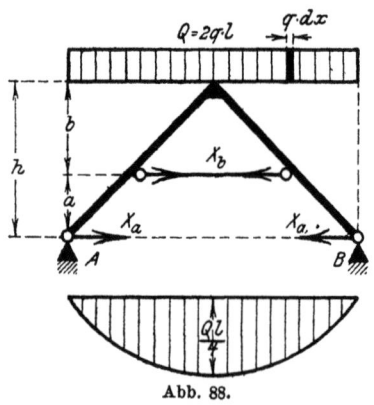

Abb. 88.

Für den in der Abb. 88 gezeichneten Belastungszustand ist für

$$\Sigma P_m \delta_{ma} = \int M_0 M_a \frac{ds}{EJ}$$

mit

$$M_a = y$$

$$\int M_0 M_a \frac{ds}{EJ} = \frac{1}{EJ}\int M_0 y\, ds.$$

Nach der Abb. 88^a erhält man hierfür

7. Vollbelastung durch gleichmäßig verteilte Last Q.

$$\Sigma P_m \delta_{ma} = \frac{2}{EJ} \cdot \frac{2}{3} \frac{Ql}{4} \cdot c \frac{5}{8} h$$

oder

$$\Sigma P_m \delta_{ma} = \frac{5}{24} \cdot \frac{Qhlc}{EJ} \quad . \quad 81)$$

Weiter ist

$$\Sigma P_m \delta_{mb} = = \int M_o M_b \frac{ds}{EJ}$$

und mit
$$M_b = y'$$
wird

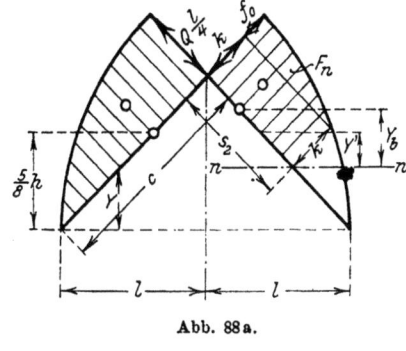

Abb. 88a.

$$\Sigma P_m \delta_{mb} = \frac{1}{EJ} \int M_o y' ds$$

Es ist $\int M_o y' ds$ das statische Moment der Momentenfläche für die Querschnitte oberhalb der Achse $n \div n$, bezogen auf diese Achse. Dieses Moment ist

$$S_n = 2 F_n y_b.$$

Der Flächeninhalt der über der $n \div n$-Achse liegenden Momentenfläche ist

$$F_n = k s_2 + \frac{2}{3} s_2 f_o = s_2 \left(k + \frac{2}{3} f_o \right)$$

und es berechnet sich der Schwerpunktsabstand y_b zu

$$y_b = \frac{b}{2} \frac{k + \frac{5}{6} f_o}{k + \frac{2}{3} f_o}.$$

Mit diesen Werten wird

$$S_n = 2 s_2 \left(k + \frac{2}{3} f_o \right) \cdot \frac{b}{2} \frac{k + \frac{5}{6} f_o}{k + \frac{2}{3} f_o}$$

oder

$$S_n = b s_2 \left(k + \frac{5}{6} f_o \right).$$

Es ist nun weiter

$$k = \frac{Ql}{4} \left(1 - \frac{b^2}{h^2} \right)$$

VII. Der versteifte Dreieckrahmen.

und
$$f_o = \frac{Ql}{4} \frac{b^2}{h^2}$$

und hiermit ergibt sich
$$S_n = \frac{Ql}{4} \cdot b \cdot s_2 \left(1 - \frac{b^2}{6h^2}\right).$$

Mit diesem Wert erhält man
$$\Sigma P_m \delta_{ma} = \frac{Ql}{4 \cdot EJ} b\, s_2 \left(1 - \frac{b^2}{6h^2}\right) \quad \ldots \quad 82)$$

Zur Berechnung von X_a und X_b sollen zuerst die Verschiebungen δ_a und δ_b vernachlässigt und Null gesetzt werden. Nach Gleichung 38) war
$$X_a = \frac{\delta_{bb}\,\Sigma P_m \delta_{ma} - \delta_{ab}\,\Sigma P_m \delta_{mb}}{\delta_{aa}\delta_{bb} - \delta_{ab}^2}.$$

Setzt man die hierzu gehörigen Werte ein, so ist
$$X_a = \frac{\dfrac{2}{3}\dfrac{b^3 s_2}{EJ} \cdot \dfrac{5}{24} \cdot \dfrac{Q \cdot hlc}{EJ} - \dfrac{b s_2}{3EJ}(3a+2b)\dfrac{Ql}{4EJ} b\, s_2\left(1-\dfrac{b^2}{6h^2}\right)}{\dfrac{b^2 s_2}{9 E^2 J^2}[4h^2 c - s_2(3a+2b)^2]}$$

oder
$$X_a = \frac{Ql}{4} \cdot \frac{5hc - 3s_2(3h-b)\left(1-\dfrac{b^2}{6h^2}\right)}{4h^2 c - s_2(3h-b)^2} \quad \ldots \quad 83)$$

Weiter ist
$$X_b = \frac{\delta_{aa}\,\Sigma P_m \delta_{mb} - \delta_{ab}\,\Sigma P_m \delta_{ma}}{\delta_{aa}\delta_{bb} - \delta_{ab}^2}$$

und somit wird
$$X_b = \frac{\dfrac{2}{3}\dfrac{h^2 c}{EJ} \cdot \dfrac{Ql}{4EJ} \cdot b\, s_2\left(1 - \dfrac{b^2}{6h^2}\right) - \dfrac{b s_2}{3 EJ}(3a+2b)\dfrac{5}{24}\dfrac{Qhlc}{EJ}}{\dfrac{b^2 s_2}{9 E^2 J^2}[4h^2 c - s_2(3a+2b)^2]}$$

oder
$$X_b = \frac{Ql}{4} \cdot \frac{c}{2b} \frac{12 h^2\left(1 - \dfrac{b^2}{6h^2}\right) - 5h(3h-b)}{4h^2 c - s_2(3h-b)^2} \quad . \quad 84)$$

C. Der Einfluß wagerechter Lasten.
8. Belastung durch wagerechte, gleichmäßig verteilte Last Q.

In der Abb. 89 ist der Belastungszustand gezeichnet. Als Grundsystem wird der einfache Balken mit dem beweglichen Auflager bei A angenommen.
Die Auflagerreaktionen im Grundsystem sind:

lotrecht bei A und B

$$A_0 = B_0 = \pm \frac{W \cdot h}{4l}$$

wagerecht bei B

$$H = W.$$

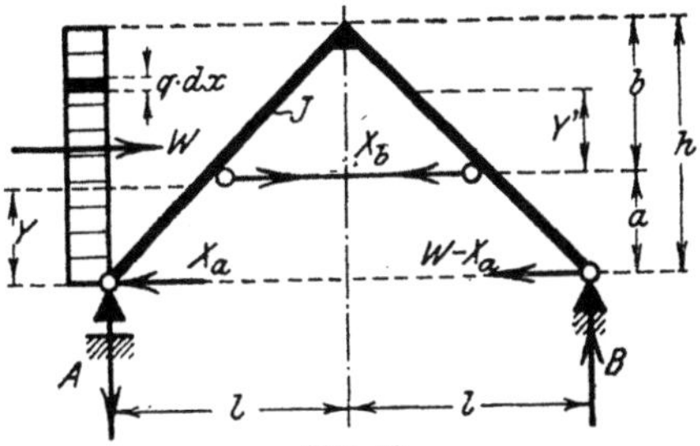

Es war

$$\Sigma P_m \delta_{ma} = \frac{1}{EJ} \int M_o\, y\, ds$$

und

$$\Sigma P_m \delta_{mb} = \frac{1}{EJ} \int M_o\, y'\, ds$$

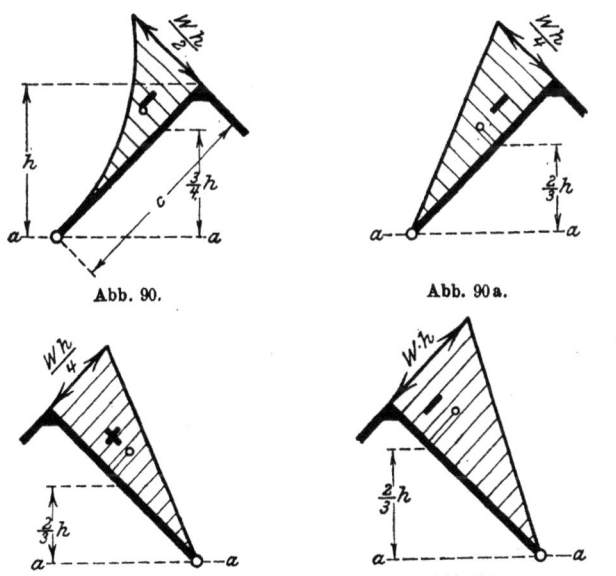

Abb. 89.

Abb. 90.   Abb. 90a.

Abb. 90b.   Abb. 90c.

`108 VII. Der versteifte Dreieckrahmen.

dieses sind die statischen Momente der M_o-Flächen, bezogen auf die Achsen der X_a- und X_b-Kräfte.

In den Abbildungen 90 und 91 sind die M_o-Flächen gezeichnet.

Nach den Abbildungen $90 \div 90^c$ ist

$$\frac{1}{EJ}\int M_o y \cdot ds = \left.\begin{array}{l}-\dfrac{1}{3}\dfrac{Wh}{2}\dfrac{c}{EJ}\cdot\dfrac{3}{4}h\\[4pt]-\dfrac{W\cdot h}{2}\cdot\dfrac{c}{EJ}\cdot\dfrac{2}{3}h\end{array}\right\} = -\frac{11}{24}\cdot\frac{Wh^2 c}{EJ}.$$

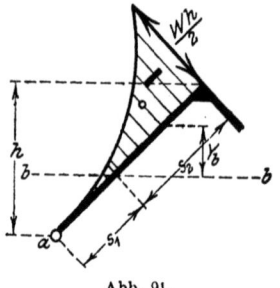

Abb. 91.

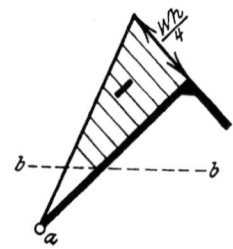

Abb. 91a.

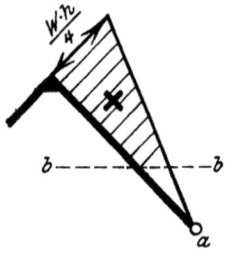

Abb. 91b.

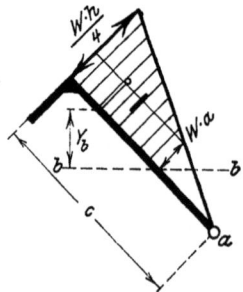

Abb. 91c.

Nach den Abbildungen $91 \div 91^c$ ist

$$\begin{aligned}\frac{1}{EJ}\int M_o y' ds = &-\frac{W}{6EJ}\cdot\frac{c}{h^2}\cdot(h^3-a^3)\cdot\frac{3h^4-4ah^3+4a^4}{4(h^3-a^3)}\\&-\frac{W}{EJ}\cdot a\cdot s_2\frac{b}{2}\\&-\frac{W}{4\cdot EJ}(h-4a)\cdot\frac{s_2}{2}\cdot\frac{2}{3}b\end{aligned}$$

oder

$$\frac{1}{EJ}\int M_0 y' \, ds = -\frac{W \cdot c}{24 \cdot EJ \cdot h^2}(3h^4 - 4ah^3 + 4a^4)$$
$$-\frac{Wh s_2{}^2}{12 \cdot EJ \cdot c}(h+2a).$$

Zur Bestimmung der Werte von X_a und X_b berechnet man bei der praktischen Anwendung am zweckmäßigsten zuerst die Zahlenwerte von $\Sigma P_m \delta_{ma}$ und $\Sigma P_m \delta_{mb}$ und bestimmt danach mit diesen durch Einsetzen in die Bestimmungsgleichungen für X_a und X_b die Zahlenwerte für die letzteren. Es muß aber hierbei darauf geachtet werden, daß die Teilwerte genau auf mehrere Dezimalstellen berechnet sind, da sich sonst sehr leicht unrichtige Werte ergeben.

Bei der Berechnung der Momente wird man wieder die Kernpunktsmomente bestimmen. Für alle anderen Belastungsfälle empfiehlt es sich, die Einflußlinien für die statisch unbestimmten Kräfte zu berechnen.

VIII. Der Dreieckrahmen mit Pendelstütze.

1. Erklärungen.

Das in der Abb. 92 gezeichnete System ist ein zweiseitiger Dreigelenkrahmen mit einer Pendelstütze. Die Konstruktion ist einfach statisch unbestimmt und wird als Unbekannte die Spannkraft in der Pendelstütze mit X_a bezeichnet.

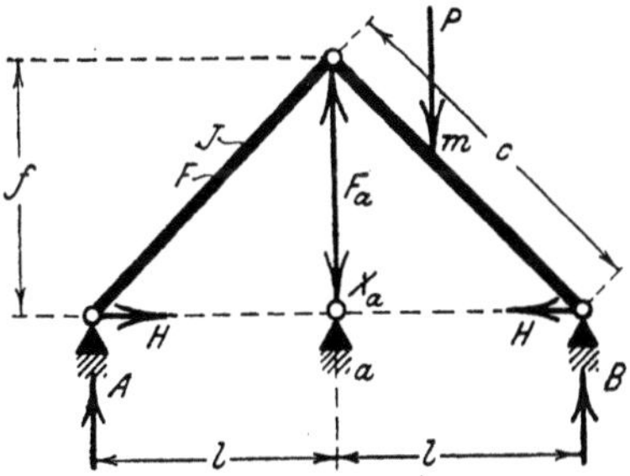

Abb. 92.

Weiter ist
J das Trägheitsmoment des Rahmens, F der Querschnitt des Rahmens und F_a der Querschnitt der Pendelstütze.

Aus $\qquad \delta_a = \Sigma P_m \delta_{ma} - X_a \delta_{aa}$

folgt $\qquad X_a = \dfrac{\Sigma P_m \delta_{ma}}{\dfrac{f}{EF_a} + \delta_{aa}}.$

VIII. Der Dreieckrahmen mit Pendelstütze.

2. Die Verschiebung δ_{aa}.

Entfernt man die Pendelstütze, so erhält man als Grundsystem den Dreigelenkrahmen. Für den Belastungszustand $X_a = -1$ und $\Sigma P_m = 0$ im Grundsystem wird

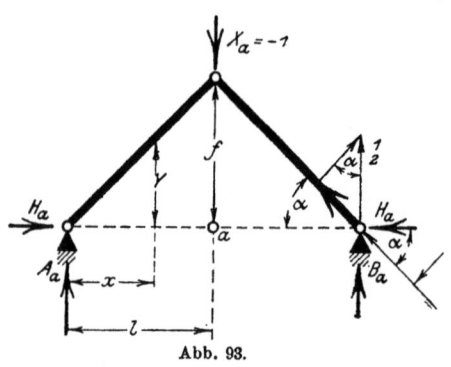
Abb. 93.

$$A_a = B_a = \frac{1}{2}$$

und

$$H_a = \frac{l}{2f}.$$

Das Moment in einem Querschnitt des Rahmens ist dann nach vorstehendem und mit Bezugnahme auf die Abb. 93

$$M_a = \frac{1}{2} x - \frac{l}{2f} \cdot y = \frac{1}{2} x + \frac{l}{2f} \cdot x \cdot \frac{f}{l} = 0.$$

Für den vorliegenden Fall ist es nicht möglich, die Bedingungen

$$\delta_{aa} = \int M_a^2 \frac{ds}{EJ} \quad \text{und} \quad \delta_{ma} = \int M_0 M_a \frac{ds}{EJ}$$

anzuwenden und die Normalkräfte zu vernachlässigen, sondern hier kann man die Unbekannte nur mit Hilfe der Normalkräfte bestimmen. Nach Abb. 93 ist

$$N_a = -\frac{1}{2} \sin \alpha - \frac{l}{2f} \cdot \cos \alpha = -\frac{1}{2}\left(\sin \alpha + \frac{\cos \alpha}{\operatorname{tg} \alpha}\right)$$

oder

$$N_a = -\frac{1}{2 \cdot \sin \alpha}$$

und es ist weiter

$$N_a^2 = \frac{1}{4 \cdot \sin^2 \alpha}.$$

Setzt man für $\sin \alpha = \dfrac{f}{c}$, so wird

$$N_a^2 = \frac{c^2}{4 f^2}$$

und es wird
$$\int N_a^2 \frac{ds}{EF} = 2 \cdot \frac{c^2}{4f^2 EF} \cdot c$$
also ist
$$\delta_{aa} = \frac{c^3}{2f^2 EF} \quad \ldots \ldots \quad 85)$$

Der Nenner in der Bestimmungsgleichung für X_a erhält hiernach den Wert
$$C = \frac{f}{EF_a} + \frac{c^3}{2f^2 EF} = \frac{f}{EF}\left(\frac{F}{F_a} + \frac{c^3}{2f^3}\right).$$

A. Der Einfluß lotrechter Lasten.

3. Die Verschiebung δ_{ma}.

Für eine Last $P = 1$ in m wird mit Beachtung, daß hier $M_a = 0$ ist

$$\Sigma P_m \delta_{ma} = \int N_0 N_a \frac{ds}{EF}.$$

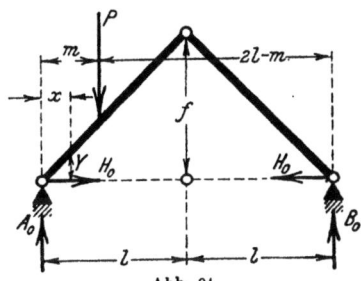

Abb. 94.

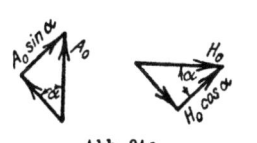

Abb. 94a.

Nach der Abb. 94 ist
$$N_0 = -A_0 \sin \alpha - H_0 \cos \alpha$$
und für das Gebiet m ist
$$A_0 = \frac{2l - m}{2l} \quad \text{und}$$
$$H_0 = \frac{m}{2f} \quad \text{wird}$$
$$N_0 = -\frac{2l - m}{2l} \cdot \sin \alpha - \frac{m}{2f} \cdot \cos \alpha$$
$$= -\frac{f}{c}\left(1 - \frac{m}{2l} + \frac{ml}{2f^2}\right).$$

VIII. Der Dreieckrahmen mit Pendelstütze.

Es war
$$N_a = -\frac{1}{2\sin\alpha} = -\frac{c}{2f}$$
und somit wird
$$N_o N_a = \frac{1}{2}\left(1 - \frac{m}{2l} + \frac{ml}{2f^2}\right).$$
Für das Gebiet $0 \div m$ erhält man
$$\int N_o N_a \frac{ds}{EF} = \frac{c}{2lEF}\left(m - \frac{m^2}{2l} + \frac{m^2 l}{2f^2}\right).$$
In dem Gebiete $x = l \div$ bis $x = m$ ist
$$N_o = -A_o \sin\alpha - H_o \cos\alpha + \sin\alpha = -\frac{2l-m}{2l}\cdot\frac{f}{c} - \frac{m}{2f}\cdot\frac{l}{c} + \frac{f}{c}$$
oder
$$N_o = -\frac{f}{c}\left(\frac{ml}{2f^2} - \frac{m}{2l}\right)$$
und es wird
$$N_o N_a = \frac{1}{2}\left(\frac{ml}{2f^2} - \frac{m}{2l}\right).$$
Hieraus folgt für x in den Grenzen $l \div m$.
$$\int N_o N_a \frac{ds}{EF} = \frac{c\cdot(l-m)}{2lEF}\left(\frac{ml}{2f^2} - \frac{m}{2l}\right)$$
oder
$$\int N_o N_a \frac{ds}{EF} = \frac{c(l^2-f^2)}{4f^2 EF}\left(\frac{m}{l} - \frac{m^2}{l^2}\right).$$

Für den rechten Rahmenteil ist
$$N_o = -B_o \cdot \sin\alpha - H_o \cos\alpha$$
und es wird
$$N_o = -\frac{f}{c}\left(\frac{m}{2l} + \frac{ml}{2f^2}\right) = -\frac{m}{2l}\frac{c}{f}.$$
Mit
$$N_a = -\frac{c}{2f}$$
wird
$$N_o N_a = \frac{m}{4l}\cdot\frac{c^2}{f^2}$$

und es ist

$$\int_0^l N_0 N_a \frac{ds}{EF} = \frac{m}{4l} \cdot \frac{c^3}{f^2 EF}.$$

Die Summen dieser Teilwerte von $\int N_0 N_a \frac{ds}{EJ}$ ergibt die Gleichung der δ_{ma}-Linie.

Es wird

$$\delta_{ma} = \frac{c^3}{2f^2 l \cdot EF} \cdot m \quad \ldots \quad 86)$$

4. Die Einflußlinie für X_a.

Es ist

$$X_a = \frac{\Sigma P_m \delta_{ma}}{\dfrac{f}{EF_a} + \delta_{aa}}$$

und man erhält mit Einsetzung der Werte aus den Gleichungen 85) und 86)

$$X_a = \frac{m \cdot c^3 \cdot EF}{2f^2 l \cdot EF \cdot f \cdot \left(\dfrac{F}{F_a} + \dfrac{c^3}{2f^3}\right)}$$

oder

$$X_a = m \cdot \frac{c^3}{l\left(\dfrac{2f^3 F}{F_a} + c^3\right)} \quad \ldots \quad 87)$$

Die Einflußlinie für X_a ist eine gerade Linie, wie in der Abb. 95 gezeichnet.

Vernachlässigt man in der Gleichung 87) den Einfluß des Pendelstützenquerschnitts F_a und setzt das erste Glied im Nenner gleich Null, so erhält man für X_a den besonders einfachen Ausdruck von

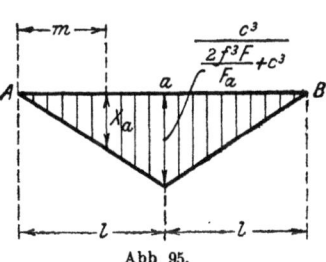

Abb. 95.

$$X_a = \frac{m}{l}.$$

5. Die Einflußlinie für den Horizontalschub H.

Der Horizontalschub H berechnet sich aus
$$H = H_o - H_a X_a .$$
und es wird mit
$$H_a = \frac{l}{2f}$$
$$H = H_o - \frac{l}{2f} \cdot X_a$$
oder
$$H = \frac{l}{2f}\left(\frac{2f}{l} \cdot H_o - X_a\right). \quad \ldots \quad 88)$$

Berechnet man X_a unter Vernachlässigung des Pendelstützenquerschnitts, dann wird, wie aus der Gleichung 88) zu ersehen ist, der Horizontalschub H gleich Null, und die Rahmenteile werden für lotrechte Lasten als einfache Balken von der Stützweite l berechnet.

B. Der Einfluß wagerechter Lasten.
6. Wagerechte Belastung durch gleichmäßig verteilte Last W.

Im Grundsystem, dem Dreigelenkrahmen, sind die Auflagerreaktionen
$$A_o = B_o = \pm \frac{Wf}{4l}$$
und
$$H_o{}^l = \frac{3}{4} W; \quad H_o{}^r = \frac{1}{4} W.$$

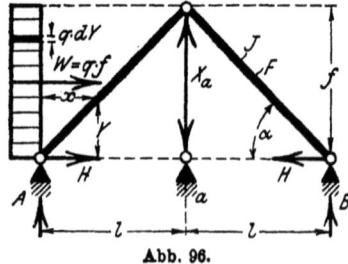

Abb. 96.

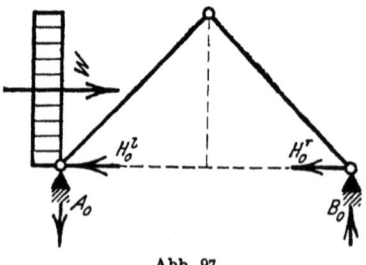

Abb. 97.

6. Wagerechte Belastung durch gleichmäßig verteilte Last W.

Nach der Abb. 97 wird für den linken Rahmenteil

$$N_o = A_o \sin \alpha - q \cdot y \cdot \cos \alpha + H_o^l \cos \alpha$$
$$= \frac{Wf}{4l} \cdot \frac{f}{c} - \frac{W}{f} \cdot x \cdot \frac{f}{c} + \frac{3}{4} W \cdot \frac{l}{c}$$

oder

$$N_o = \frac{W}{c}\left(\frac{f^2}{4l} + \frac{3}{4}l - x\right).$$

Mit

$$N_a = -\frac{c}{2f}$$

wird

$$N_o N_a = -\frac{W}{2f}\left(\frac{f^2}{4l} + \frac{3}{4}l - x\right)$$

und es ist hiernach

$$\int N_o N_a \frac{ds}{EF} = -W \cdot \frac{c^3}{8f \cdot l E F}.$$

Im rechten Rahmenteil ist

$$N_o = -B_o \sin \alpha - H_o^r \cos \alpha$$
$$= -\frac{Wf}{4l} \cdot \frac{f}{c} - \frac{W}{4} \cdot \frac{l}{c}$$

oder

$$N_o = -W \cdot \frac{c}{4l}$$

und es wird

$$N_o N_a = W \cdot \frac{c^2}{8lf}.$$

Damit erhält man

$$\int N_o N_a \frac{ds}{EF} = W \cdot \frac{c^3}{8 \cdot flE \cdot F}.$$

Die Summe der Werte $\int N_o N_a \dfrac{ds}{EF}$ ergibt Null. Für wagerechte Lasten verhält sich das System wie ein Dreigelenkrahmen und muß die Konstruktion für diese Belastungsfälle als solcher berechnet werden.

VIII. Der Dreieckrahmen mit Pendelstütze.

Für Lasten, die senkrecht zur Rahmenachse wirken, ist es oft von Vorteil, die Auflagerreaktionen rechnerisch genau zu bestimmen.

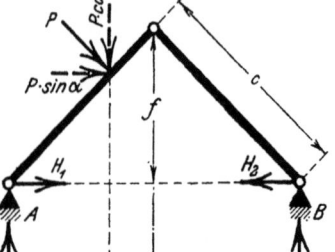

Abb. 98.

Nach Abb. 98 ist

a) der Einfluß der Komponente $P \cdot \cos \alpha$:

$$A_a = \frac{2l - s}{2l} \cdot P \cdot \cos \alpha$$

und

$$B_a = \frac{s}{2l} \cdot P \cdot \cos \alpha$$

$$H_a = P \cdot \cos \alpha \cdot \frac{s}{2f}.$$

b) Der Einfluß der Komponente $P \cdot \sin \alpha$:

$$A_b = - P \cdot \sin \alpha \frac{sf}{2l^2}; \quad B_b = + P \cdot \sin \alpha \frac{sf}{2l^2}$$

und

$$H_b^r = P \cdot \sin \alpha \cdot \frac{s}{2l}.$$

Weiter ist

$$H_b^l = P \cdot \sin \alpha - P \cdot \sin \alpha \frac{s}{2l} = P \cdot \sin \alpha \frac{2l - s}{2l}.$$

Somit wird

$$H_1 = P \cdot \cos \alpha \frac{s}{2f} - P \cdot \sin \alpha \frac{2l - s}{2l}$$

$$= P \cdot \frac{f}{2lc} \left(\frac{sl^2}{f^2} - 2l + s \right)$$

$$H_2 = P \cdot \cos \alpha \frac{s}{2f} + P \cdot \sin \alpha \frac{s}{2l} = P \cdot \frac{sc}{2fl}$$

$$A = \frac{2l - s}{2l} \cdot P \cdot \cos \alpha - P \cdot \sin \alpha \frac{sf}{2l^2}$$

$$= P \cdot \frac{1}{2l^2 c} (2l^3 - sc^2)$$

$$B = \frac{s}{2l} \cdot P \cdot \cos \alpha + P \cdot \sin \alpha \cdot \frac{sf}{2l^2} = P \cdot \frac{sc}{2l^2}.$$

IX. Zwei durch Gelenkstab verbundene eingespannte Ständer.

1. Erklärungen.

Das in der Abb. 99 gezeichnete System kommt im Hochbau sehr häufig vor, und es ist von Vorteil zu wissen, in welchem Maße sich die beiden Ständer an der Lastübertragung beteiligen, wenn der eine von diesen durch wagerechte Kräfte angegriffen wird. Der hier angeführte Fall tritt bei einschiffigen Hallen auf, wenn die beiden Säulen fest gelagert sind; dann beteiligen sich beide Säulen an einer einseitigen Kraftübertragung.

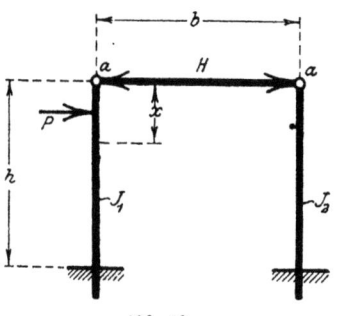

Abb. 99.

Das System ist einfach statisch unbestimmt und wird die Unbekannte, die Spannkraft H im Gelenkstab, aus der Gleichung

$$H = \frac{\Sigma P_m \delta_{ma}}{\delta_{aa}}$$

genau genug berechnet.

2. Die Verschiebung δ_{aa}.

Es ist

$$\delta_{aa} = \int M_a^2 \frac{ds}{EJ} = \frac{h^3}{3 J_1} + \frac{h^3}{3 J_2}$$

also

$$\delta_{aa} = \frac{h^3}{3} \frac{J_1 + J_2}{E \cdot J_1 \cdot J_2} \quad \ldots \ldots \quad 89)$$

3. Die Verschiebung δ_{ma}.

Die δ_{ma}-Linie der Ständer berechnet sich als die Biegungslinie eines mit der Spitzenlast $H=1$ belasteten Freiträgers. Hierfür ist allgemein

$$\delta_{ma} = \frac{h^3}{6 EJ} \left(2 - 3 \frac{x}{h} + \frac{x^3}{h^3} \right).$$

4. Die H-Linie.

Aus vorstehendem folgt für H aus

$$H = \frac{\Sigma P_m \delta_{ma}}{\delta_{aa}}$$

für den linken Ständer

$$H = \frac{h^3 \cdot \left(2 - 3\frac{x}{h} + \frac{x^3}{h^3}\right) 3 \cdot J_1 J_2}{6 J_1 h^3 (J_1 + J_2)}$$

oder, bezeichnet man für den linken Ständer die Ordinaten der Einflußlinie von H mit y_1,

$$y_1 = \frac{J_2}{2(J_1 + J_2)} \cdot \left[2 - 3\frac{x}{h} + \frac{x^3}{h^3}\right] \quad \ldots \quad 90)$$

und für den rechten Ständer ist

$$y_2 = \frac{J_1}{2(J_1 + J_2)} \left[2 - 3\frac{x}{h} + \frac{x^3}{h^3}\right] \quad \ldots \quad 91)$$

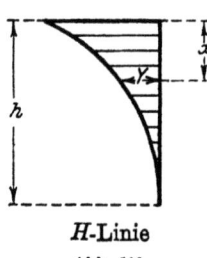

H-Linie
Abb. 100.

Für den Fall, daß $J_1 = J_2 = J$ ist, werden die Ordinaten der H-Linie aus

$$y = \frac{1}{4}\left(2 - 3\frac{x}{h} + \frac{x^3}{h^3}\right)$$

berechnet.

Im folgenden sind für die Verhältnisse $\frac{x}{h} = 0 \div 1$ die Ordinaten der H-Linie unter der Voraussetzung von $J_1 = J_2 = J$ berechnet.

$\frac{x}{h}$	y	$\frac{x}{h}$	y	$\frac{x}{h}$	y
0	0,5000	0,4	0,2160	0,8	0,0280
0,1	0,4252	0,5	0,1563	0,9	0,0072
0,2	0,3520	0,6	0,1040	1,0	0,0000
0,3	0,2818	0,7	0,0607		

4. Die H-Linie.

Für die praktische Anwendung braucht man in in den meisten Fällen nur die Ordinate für das Verhältnis $\frac{x}{h} = 0$ und den Inhalt der von der Einflußlinie begrenzten Fläche.

Dieser ist

$$F_H = \frac{1}{4} \int_0^h \left(2 - 3\frac{x}{h} + \frac{x^3}{h^3}\right) dx$$

oder

$$F_H = \frac{3}{16} h.$$

Somit ist für den Fall einer gleichmäßig über den Ständer verteilten Belastung Q die Spannkraft in dem Gelenkstab

$$H = \frac{3}{16} h \cdot \frac{Q}{h} = \frac{3}{16} Q.$$

Das Biegungsmoment an der Einspannstelle des Ständers 1 ist dann

$$M_1 = \frac{Qh}{2} - \frac{3}{16} Qh$$

$$M_1 = \frac{5}{16} Qh.$$

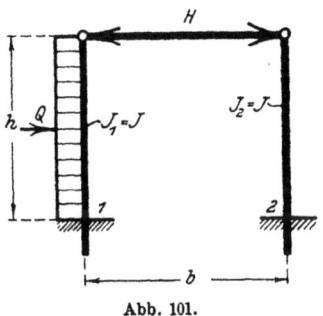

Abb. 101.

Im Ständer 2 ist das Moment an der Einspannstelle

$$M_2 = -\frac{3}{16} Qh.$$

Eine an der Spitze angreifende Einzellast verteilt sich bei gleichen Trägheitsmomenten gleichmäßig auf beide Ständer.

Diese im vorstehenden abgeleiteten Formeln kann man auch noch dann anwenden, wenn die Säulen nicht aus einem Querschnitt, sondern aus mehreren Einzelquerschnitten bestehen, wie dieses bei Gitterwerken der Fall ist.

X. Der durch Zugband verspannte einfache Balken.

1. Erklärungen.

Das in der Abb. 102 gezeichnete System stellt einen biegungsfesten Balken dar, der mittels Zug und Druckglieder verspannt ist. Durch die Anordnung der Verspannung wird das System einfach statisch unbestimmt. Zur Berechnung der Konstruktion wird als unbekannte Spannkraft die wagerechte Kraftkomponente des Zugbandes angesehen und diese mit H bezeichnet.

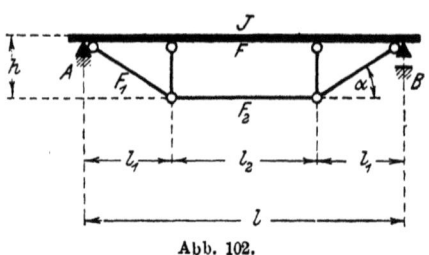

Abb. 102.

Trennt man an dem Punkte a die Spannstange und läßt die Belastung auf den Träger wirken, so verhält sich die Konstruktion wie ein einfacher Balken. Durch die Formänderungen desselben entfernen sich die Punkte a der Spannstange um einen Betrag δ_0. Soll diese Formänderung nicht eintreten, so muß in der Zugstange eine Spannkraft wirken, welche der Kraftwirkung aus den äußeren Kräften das Gleichgewicht hält; die Spannkraft H muß also die Punkte a um die Strecke δ_0 zurückschieben. Es ist aber die gegenseitige Verschiebung des Punktes a gleich Null, und so folgt daher aus den vorstehenden Betrachtungen die Bedingung

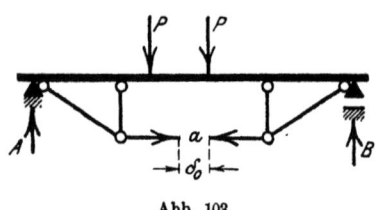

Abb. 103.

$$\delta_0 - H\delta_{aa} = 0$$

und bedeutet hierin δ_{aa} die gedachte Verschiebung des Punktes a unter dem Einfluß einer Kraft $H = 1$.

Die im vorstehenden angeschriebene Gleichung kann man nach allgemeinen Gesetzen der Elastizitätslehre auch in der Form

$$0 = \Sigma P_m \delta_{ma} - H \cdot \delta_{aa}$$

schreiben.

2. Die Verschiebung δ_{aa}.

Im weiteren Verlaufe der Untersuchung dieses Systems sollen nun die Werte für δ_{aa} und δ_{ma} berechnet werden.

2. Die Verschiebung δ_{aa}.

Es ist
$$\delta_{aa} = \int M_a^2 \frac{ds}{EJ} + \int N_a^2 \frac{ds}{EF} + \Sigma S_a^2 \frac{s}{EF}$$

und nach der Abb. 104
$$M_a = y.$$

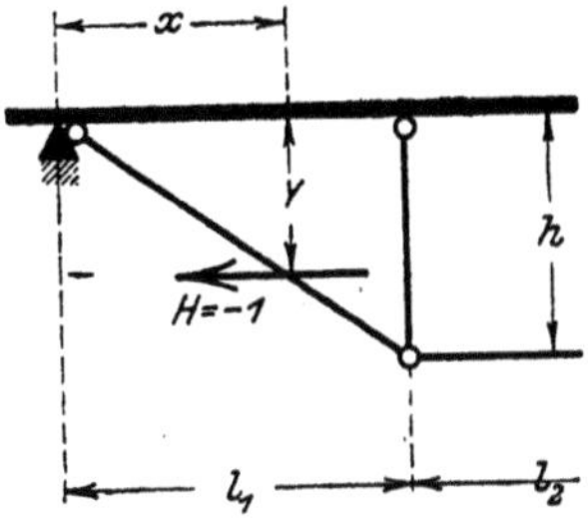

Für x in den Grenzen l_1 und 0 gilt
$$y = x \cdot \frac{h}{l_1}$$

und somit
$$M_a^2 = x^2 \frac{h^2}{l_1^2}.$$

Wird $x > l_1$, so ist
$M_a = h$ und $M_a^2 = h^2$.

Abb. 104.

Weiter ist
$$N_a = 1$$

und somit nach vorstehendem
$$\delta_{aa} = 2 \cdot \frac{h^2}{l_1^2} \int_0^{l_1} x^2 \frac{dx}{EJ} + 2 h^2 \int_{l_1}^{l/2} \frac{dx}{EJ} + \int_0^{l} \frac{dx}{EF} + \Sigma S_a^2 \frac{s}{EF}.$$

Der Wert $\Sigma S_a^2 \frac{s}{EF}$ berechnet sich genau genug unter Vernachlässigung der Pfosten zu
$$\Sigma S_a^2 \frac{s}{EF} = \frac{l_2}{EF_2} + 2 \cdot \frac{l_1}{\cos^3 \alpha \, EF_1}$$

und man erhält somit aus diesen Werten für die Verschiebung δ_{aa} den Ausdruck
$$\delta_{aa} = \frac{h^2}{3 EJ} (3 l - 4 l_1) + \frac{l}{EF} + \frac{2 l_1}{EF_1 \cos^3 \alpha} + \frac{l_2}{EF_2} \quad . \quad 92)$$

122 X. Der durch Zugband verspannte einfache Balken.

3. Die Verschiebung δ_{ma}.

Die δ_{ma}-Linie berechnet sich als die Biegungslinie des einfachen Balken mit der Stützweite l für den Belastungszustand $H = -1$.

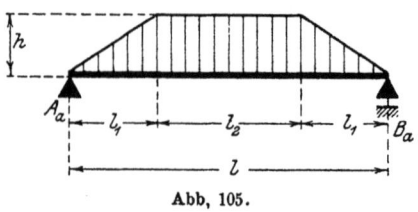

Abb, 105.

In der Abb. 105 ist die Momentenfläche aus diesem Belastungszustand gezeichnet. Die Ordinaten der Biegungslinie ermitteln sich nun als die Momente des mit dieser Momentenfläche belasteten einfachen Balkens.

Es ist
$$A_a = B_a = \frac{l_1 h}{2} + \frac{l_2 h}{2} = \frac{h}{2}(l_1 + l_2).$$

Für x in den Grenzen 0 und l_1 wird nun
$$\delta_{ma}^{x<l_1} = \frac{1}{EJ}\left[\frac{h}{2}(l_1+l_2)\cdot x - \frac{1}{2}\cdot x \cdot x \frac{h}{l_1} \cdot \frac{x}{3}\right]$$

oder
$$\delta_{ma}^{x<l_1} = \frac{1}{EJ}\left[\frac{x}{l}\frac{hl}{2}(l_1+l_2) - \frac{x^3}{l^3}\frac{h\cdot l^3}{6l_1}\right]. \quad\ldots\ldots 93)$$

Für x in den Grenzen l_1 und $\dfrac{l}{2}$ ist
$$\delta_{ma}^{x>l_1} = \frac{1}{EJ}\left[\frac{h}{2}(l_1+l_2)x - \frac{l_1 h}{2}\frac{3x-2l_1}{3} - \frac{h(x-l_1)^2}{2}\right]$$

oder
$$\delta_{ma}^{x>l_1} = \frac{1}{EJ}\left[\frac{x}{l}\cdot\frac{hl^2}{2} - \frac{x^2}{l^2}\frac{hl^2}{2} - \frac{hl_1^2}{6}\right]\quad\ldots\ldots 94)$$

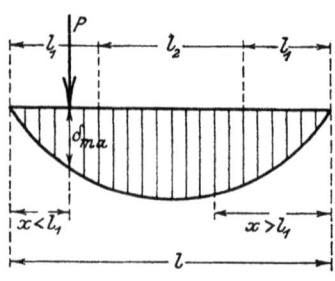

δ_{ma}-Linie.
Abb. 106.

Aus diesen Werten kann man die δ_{ma}-Linie berechnen, und es ergibt sich dann aus

$$H = P\frac{\delta_{ma}}{\delta_{aa}}$$

der Wert für die Spannkraft in der Zugstange.

Die von der δ_{ma}-Linie begrenzte Fläche ist

$$F_1 = \int \delta_{ma}^{x<l_1} \cdot dx = \frac{hl^2}{12\,EJ}(5\,l_1 + 6\,l_1)$$

und

$$F_2 = \int \delta_{ma}^{x<l_1} \cdot dx = \frac{hl^3}{12\,EJ}\left(1 - 8\,\frac{l_1^2}{l^2} + 8\,\frac{l_1^3}{l^3}\right)$$

und somit ist der gesamte Inhalt der δ_{ma}-Fläche

$$F_{ma} = \frac{hl^3}{12\,EJ}\left(1 + \frac{l_1^3}{l^3} - 2\,\frac{l_1^2}{l^2}\right) \quad \ldots \ldots \quad 95)$$

4. Die Einflußlinie für H.

In den meisten Fällen der praktischen Aufgaben werden l_1 und l_2 in einem einfachen Verhältnis zur Stützweite l stehen, und es vereinfachen sich dann die unter 2. und 3. berechneten Formeln sehr wesentlich; für das Verhältnis $l_1 = l_2 = \dfrac{l}{3}$ ist z. B.

$$\delta_{ma}^{x<\frac{l}{3}} = \frac{hl^2}{2\,EJ}\left(\frac{2}{3}\,\frac{x}{l} - \frac{x^3}{l^3}\right)$$

und

$$\delta_{ma}^{x>\frac{l}{3}} = \frac{hl^2}{2\,EJ}\left(\frac{x}{l} - \frac{x^2}{l^2} - \frac{1}{27}\right).$$

Es ist weiter

$$\delta_{aa} = \frac{5}{9} \cdot \frac{h^2 l}{EJ} + \frac{l}{EF} + \frac{2}{3}\,\frac{l}{\cos^3\alpha \cdot EF_1} + \frac{l}{3\,EF_2}$$

und

$$F_{ma} = \frac{11}{162}\,\frac{hl^3}{EJ}.$$

Mit diesen Werten erhält man zur Berechnung der H-Linie einfache Ausdrücke.

Für überschlägige Rechnungen kann man in der Gleichung für δ_{aa} den Einfluß der Normalkraft und der Spannstangenkräfte vernachlässigen. Für das Verhältnis $l_1 = l_2 = \dfrac{l}{3}$ wird

$$\delta_{aa} = \frac{5}{9} \cdot \frac{h^2 l}{EJ}.$$

X. Der durch Zugband verspannte einfache Balken.

Die Ordinaten der H-Linie berechnen sich dann zu

$$H^{x<\frac{l}{3}} = \frac{9}{10} \cdot \frac{l}{h} \left(\frac{2}{3} \frac{x}{l} - \frac{x^3}{l^3} \right)$$

und

$$H^{x>\frac{l}{3}} = \frac{9}{10} \cdot \frac{l}{h} \cdot \left(\frac{x}{l} - \frac{x^2}{l^2} - \frac{1}{27} \right).$$

Für dieses Verhältnis $\frac{l}{3}$ ist der Inhalt der von der H-Linie begrenzten Fläche

$$F_H = \frac{11 \cdot 9}{162 \cdot 5} \frac{h l^3}{h^2 l} = \frac{11}{90} \cdot \frac{l^2}{h} = \text{rd } \frac{1}{9} \cdot \frac{l^2}{h}.$$

Für das Verhältnis $l_1 = \frac{l}{4}$; $l_2 = \frac{2}{4} l$ wird

$$F_{ma} = \frac{57}{768} \cdot \frac{h l^3}{EJ}$$

und

$$\delta_{aa} = \frac{2}{3} \frac{h^2 l}{EJ}.$$

Dann ist

$$F_H = \frac{57}{512} \cdot \frac{l^2}{h} = \text{rd } \frac{1}{9} \frac{l^2}{h}.$$

Für die Verhältnisse $\frac{l_1}{l} = \frac{1}{3}$ und $\frac{1}{4}$ ist der Inhalt der von der H-Linie begrenzten Fläche genau genug mit $\frac{1}{9} \frac{l^2}{h}$ berechnet.

Diesen Wert kann man für die meisten Konstruktionen dieser Art anwenden.

Für den Fall einer gleichmäßig verteilten Last Q ist

$$H = \frac{Q}{9} \cdot \frac{l}{h}$$

und das Biegungsmoment in der Balkenmitte

$$M_m = \frac{Q l}{8} - \frac{Q l}{9} = \frac{Q l}{72}.$$

1. Erklärungen.

Hat man mit Hilfe der vorstehenden Gleichungen die H-Linie berechnet und aus dieser die Spannkraft H bestimmt, so müßte man dann mit den auf Grund dieser Rechnung ermittelten Querschnitten der Konstruktion den genauen Wert für H bestimmen und die wirklichen Beanspruchungen der Querschnitte untersuchen. Diesen zweiten Rechnungsgang kann man vermeiden, indem man die auf Grund der Näherungsformeln bestimmten Werte für H um etwa $10 \div 15\%$ ihres Wertes verringert oder genau genug mit $0{,}9 \div 0{,}85$ multipliziert; hierdurch wird der Einfluß der Normalkräfte und Spannstangenquerschnitte genau genug berücksichtigt. Das Biegungsmoment in einem Querschnitt des Balkens ist

$$M_x = M_{ox} - H \cdot y$$

oder

$$M_x = M_{ox} - H \cdot h$$

sofern x innerhalb oder außerhalb von l_1 liegt. Es empfiehlt sich, die Momente auf die Kernpunkte des Balkenquerschnitts zu beziehen. Bei der Bemessung der Konstruktion muß untersucht werden, ob der Balken knicksicher ist.

XI. Der Eingelenkbalken auf 4 Stützen.

1. Erklärungen.

In der Abb. 107 sind zwei Kragträger gezeichnet, welche im Punkte a durch ein Gelenk miteinander verbunden sind. Durch die Gelenkverbindung der beiden überkragenden Balkenteile l_1 wird das System einfach statisch unbestimmt.

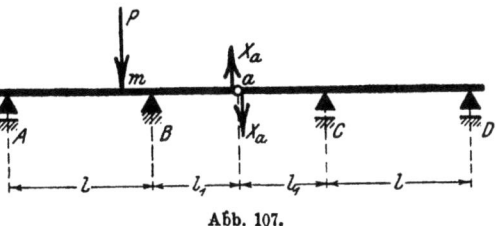

Abb. 107.

Bezeichnet man die Gelenkreaktion mit X_a, so berechnet sich diese aus

$$X_a = \frac{\Sigma P_m \delta_{ma}}{\delta_{aa}}.$$

2. Die Verschiebung δ_{aa}.

Setzt man für den ganzen Balken ein konstantes Trägheitsmoment voraus und vernachlässigt den geringen Einfluß der Normalkräfte, dann erhält man mit Bezug auf die Abb. 108 nach bekannten Anwendungen

$$\delta_{aa} = \int M_a{}^2 \frac{ds}{EJ}.$$

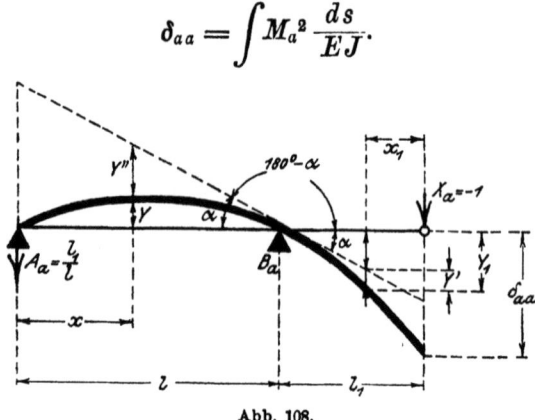

Abb. 108.

Für den Belastungszustand $X_a = -1$ ist Gebiet l

$$M_a = -\frac{l_1}{l} \cdot x$$

und

$$M_a{}^2 = \frac{l_1{}^2}{l^2} \cdot x^2.$$

Hiermit erhält man

$$\int_0^l M_a{}^2 \frac{ds}{EJ} = \frac{l_1{}^2 \, l}{3 \, EJ}.$$

Im Gebiet l ist

$$M_a = -x_1$$

und

$$M_a{}^2 = x_1{}^2$$

somit

$$\int_0^{l_1} M_a{}^2 \frac{ds}{EJ} = \frac{l_1{}^3}{3 \, EJ}.$$

Für das ganze System ist nun
$$\delta_{aa} = 2\left(\frac{l_1^2 l}{3 EJ} + \frac{l_1^3}{3 EJ}\right)$$
oder
$$\delta_{aa} = \frac{2}{3}\frac{l_1^3}{EJ}\left(1 + \frac{l}{l_1}\right) \quad \ldots \ldots \quad 96)$$

3. Die δ_{ma}-Linie.

Die δ_{ma}-Linie ist die Biegungslinie für den Belastungszustand $X_a = -1$, wie in der Abb. 108 gezeichnet. Es ist, bezeichnet man die Durchbiegungen mit y, im Gebiet l_1
$$y_1 = y' + \alpha(l_1 - x_1)$$
und im Gebiet l
$$y = \alpha(l - x) - y''.$$

Es sind nun aber y' und y'' die Durchbiegungen von Freiträgern mit den Längen l_1 und l, welche mit den Einzellasten $X_a = -1$ und $\frac{l_1}{l}$ belastet sind.

Die Durchbiegungen dieser Freiträger berechnen sich aus
$$y' = \frac{l_1^3}{6 EJ}\left(2 - 3\frac{x_1}{l_1} + \frac{x_1^3}{l_1^3}\right)$$
und
$$y'' = \frac{l_1 l^2}{6 EJ}\left(2 - 3\frac{x}{l} + \frac{x^3}{l^3}\right).$$

Weiter ist nach Abb. 108
$$\alpha \cdot l - \frac{l_1}{l} \cdot \frac{l^3}{3 EJ} = 0$$
und hieraus folgt
$$\alpha = \frac{l l_1}{3 EJ}.$$

Mit vorstehenden Werten sind die Ordinaten der δ_{ma}-Linie bestimmt; es ist
$$\delta_{m_1 a} = \frac{l_1^3}{6 EJ}\left(2 - 3\frac{x_1}{l_1} + \frac{x_1^3}{l_1^3}\right) + \frac{l \cdot l_1}{3 EJ}(l_1 - x_1)$$

oder

$$\delta_{m_1 a} = \frac{l_1^3}{6\,EJ}\left[2 + 2\,\frac{l}{l_1} - \frac{x_1}{l_1}\left(3 + 2\,\frac{l}{l_1}\right) + \frac{x_1^3}{l_1^3}\right] \quad . \quad . \quad 97)$$

und

$$\delta_{m a} = \frac{l_1\,l^2}{6\,EJ}\left(\frac{x}{l} - \frac{x^3}{l^3}\right) \quad . \quad . \quad . \quad . \quad . \quad 98)$$

Die $\delta_{m a}$-Linie ist in der Abb. 109 gezeichnet.

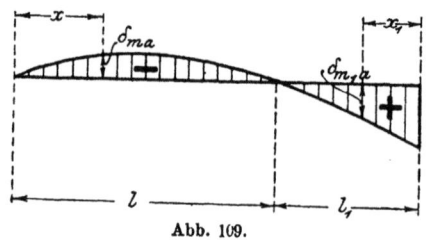

Abb. 109.

4. Die Einflußlinie für X_a.

Aus der Beziehung

$$X_a = \frac{\Sigma P_m \delta_{m a}}{\delta_{a a}}$$

erhält man Gleichung der Einflußlinie für X_a, indem man die $\delta_{m a}$ durch die $\delta_{a a}$ dividiert. Hieraus erhält man

$$\eta_1 = \frac{l_1}{4\,(l_1 + l)}\left[2 + 2\,\frac{l}{l_1} - \frac{x_1}{l_1}\left(3 + 2\,\frac{l}{l_1}\right) + \frac{x_1^3}{l_1^3}\right] \quad . \quad 98^a)$$

und

$$\eta = \frac{l^2}{4\,l_1\,(l_1 + l)}\left(\frac{x}{l} - \frac{x^3}{l^3}\right) \quad . \quad . \quad . \quad 99)$$

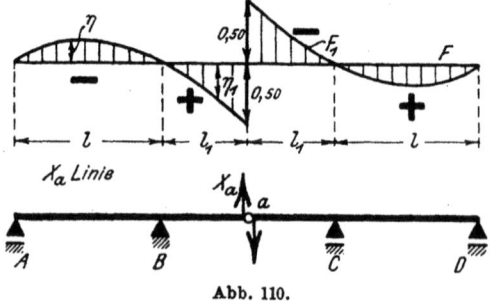

Abb. 110.

Der Inhalt der von der X_a-Linie begrenzten Fläche ist

$$F = \int_0^l \eta\,dx$$

$$= \frac{l^3}{16\,l_1 \cdot (l_1 + l)}$$

6. Die Einflußlinie für das Moment M_m in der Öffnung l.

und
$$F_1 = \int_0^{l_1} \eta_1 \, dx = l_1 \, \frac{3l_1 + 4l}{16(l_1 + l)}.$$

5. Belastung durch gleichmäßig verteilte Last.

Für eine gleichmäßig verteilte Last q ist
$$X_a = \int q\eta \cdot dx = q \cdot \int \eta \, dx.$$
Es ist für die Öffnung l
$$X_a = \pm \, Q \cdot \frac{l^2}{16 \, l_1 (l_1 + l)} \quad \ldots \ldots \quad 100)$$
Wird die Öffnung l_1 belastet, so ist
$$X_a = \pm \, Q \cdot \frac{3l_1 + 4l}{16 \, (l_1 + l)} \quad \ldots \ldots \quad 101)$$

Für Vollbelastung wie für jede symmetrische Belastung des Balkens wird $X_a = 0$, und die Konstruktion verhält sich wie ein einfacher Balken von der Stützweite l mit einem überkragenden Teil l_1.

6. Die Einflußlinie für das Moment M_m in der Öffnung l.

Das Biegungsmoment in einem Querschnitt m der Öffnung l ist

$$M_m = M_{om} - X_a M_a$$

und mit

$$M_a = -\frac{l_1}{l} \cdot x$$

wird es

$$M_m = M_{om} + \frac{l_1}{l} \cdot x X_a$$

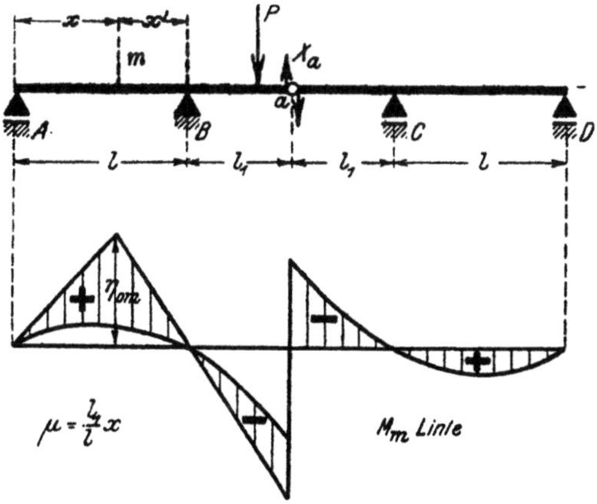

Abb. 111.

oder
$$M_m = \frac{l_1}{l} \cdot x \left(\frac{l}{l_1 \, x} \cdot M_{om} + X_a \right) \quad \ldots \ldots \quad 102)$$

Aus der Formel 102) folgt die Konstruktion der Einflußlinie für M_m.

In der Öffnung l wird zu der $\frac{l}{l_1 x} M_{om}$-Linie des einfachen Balkens die X_a-Linie addiert. Die Ordinate der $\frac{l}{l_1 x} M_{om}$-Linie im Querschnitt m ist

$$\eta_{om} = \frac{l}{l_1 x} \cdot \frac{x \cdot x^1}{l} = \frac{x^1}{l_1}.$$

Für die linke Öffnung l_1 erhält man die Einflußlinie für M_m, indem man die $\frac{l}{l_1} \cdot x \cdot M_{om}$-Linie über l hinaus verlängert und wieder die X_a-Linie dazu addiert. Diese Konstruktion der M_m-Linie ist in der Abb. 111 ausgeführt. Der Multiplikator der M_m-Linie ist $\mu = \frac{l_1}{l} \cdot x$. In den beiden anderen Öffnungen ist die X_a-Linie mit dem Multiplikator $\mu = \frac{l_1}{l} \cdot x$ Einflußlinie für das Moment M_m.

7. Die Einflußlinie für die Auflagerreaktion A.

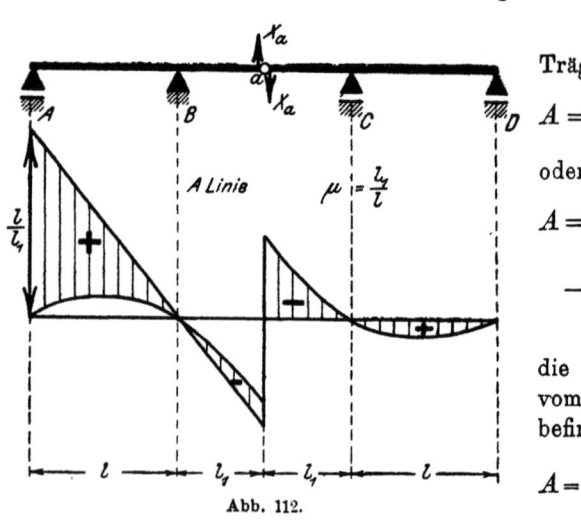

Abb. 112.

Für den linken Träger ist

$$A = A_o - \frac{l_1}{l} X_a$$

oder

$$A = \frac{l_1}{l} \left(\frac{l}{l_1} \cdot A_o - X_a \right) . \quad 103)$$

Für Lasten, die sich rechts vom Gelenk befinden, ist

$$A = \pm \frac{l_1}{l} \cdot X_a \quad 104)$$

Aus den Formeln 103) und 104) folgt die Konstruktion der A-Linie, wie diese in der Abb. 112 dargestellt ist. Für den linken Trägerteil wird von der $\frac{l_1}{l} \cdot A_o$-Linie die X_a-Linie subtrahiert, und ist hierbei die X_o-Linie die Einflußlinie für die Auflagerreaktion A_o eines einfachen Balkens von der Stützweite l und mit dem überkragenden Teil l_1. Der Multiplikator ist $\mu = \frac{l_1}{l}$.

Für den rechten Trägerteil ist die $\frac{l_1}{l} \cdot X_a$-Linie Einflußlinie für die Auflagerreaktion A.

XII. Der Einfluß der Wärmeänderung.

Erklärungen.

Bei den Untersuchungen in den vorstehenden Abschnitten wurde bei allen Systemen eine gleichbleibende Anfangstemperatur angenommen.

Während nun bei den statisch bestimmten Konstruktionen eine Wärmeänderung ohne Einfluß auf die äußeren Kräfte bleibt und auch in den meisten Fällen ohne Einfluß auf die inneren Kräfte ist, und zwar so lange, als sich durch Einwirkung der Temperatur die Abmessungen der Konstruktion nicht erheblich ändern, beeinflußt bei den statisch unbestimmten Systemen jede Temperaturänderung auch die statisch unbestimmten Kräfte. Eine Veränderung der statisch unbestimmten Kräfte bewirkt nun aber auch wieder eine Veränderung der ganzen übrigen Kräfte des Systems, und es ist somit notwendig, die durch Wärmeänderung hervorgerufenen Kräfte zu untersuchen und ihren Einfluß auf die Spannungen in den einzelnen Querschnitten eines Systems zu berechnen.

Die Wärmeänderung wirkt bei den statisch unbestimmten Systemen wie eine Belastung, und es ist daher für diesen Belastungszustand, bezeichnet man die gedachte Verschiebung aus der Temperaturänderung mit δ_{at},

$$1 \cdot \delta_{at} = \int N_a \varepsilon t \cdot ds + \int M_a \frac{\varDelta t}{v} \varepsilon ds + \Sigma S_a \varepsilon t \cdot s.$$

XII. Der Einfluß der Wärmeänderung.

Die allgemeinen Elastizitätsgleichungen haben die Form
$$\delta_a = \Sigma P_m \delta_{ma} - X_a \delta_{aa} \cdots + \delta_{at}$$
und so fort.

Setzt man δ_a, $\delta_b \cdots$ gleich Null, so ist für ein einfach statisch unbestimmtes System
$$X_{at} = \frac{\delta_{at}}{\delta_{ab}}$$
und für ein zweifach unbestimmtes System ist
$$X_{at} = \frac{\delta_{bb}\delta_{at} - \delta_{ab}\delta_{bt}}{\delta_{aa}\delta_{bb} - \delta_{ab}^2}$$
und
$$X_{bt} = \frac{\delta_{aa}\delta_{at} - \delta_{ab}\delta_{at}}{\delta_{aa}\delta_{bb} - \delta_{ab}^2}.$$

MIX
Papier aus verantwortungsvollen Quellen
Paper from responsible sources
FSC® C105338

If you have any concerns about our products,
you can contact us on
ProductSafety@springernature.com

In case Publisher is established outside the EU,
the EU authorized representative is:
**Springer Nature Customer Service Center GmbH
Europaplatz 3, 69115 Heidelberg, Germany**

Printed by Libri Plureos GmbH
in Hamburg, Germany